U0896476

大家精要

孟子

周淑萍 著

Mengzi

陕西师范大学出版总社

图书代号 SK16N1492

图书在版编目(CIP)数据

孟子/周淑萍著. —西安：陕西师范大学出版总社有限公司，2017.1（2024.1重印）
（大家精要）
ISBN 978-7-5613-5007-2

Ⅰ.①孟… Ⅱ.①周… Ⅲ.①孟轲（约前372—前289）—传记 Ⅳ.①B222.5

中国版本图书馆CIP数据核字（2016）第307715号

孟　子　MENGZI

周淑萍　著

责任编辑　郑若萍
责任校对　马凤霞
封面设计　张潇伊
出版发行　陕西师范大学出版总社
（西安市长安南路199号　邮编 710062）
网　　址　http://www.snupg.com
印　　制　永清县晔盛亚胶印有限公司
开　　本　650 mm × 930 mm　1/16
印　　张　10
字　　数　100千
版　　次　2017年1月第1版
印　　次　2024年1月第2次印刷
书　　号　ISBN 978-7-5613-5007-2
定　　价　45.00元

读者购书、书店添货或发现印刷装订问题，请与本公司销售部联系、调换。
电话：（029）85303879　　传真：（029）85307864　85303629

目　录

第 1 章

顽皮少年　慈母严教

公元前 372 年~公元前 359 年

公元前 372 年的一天，离孔子故乡曲阜不远的邹国，一个小男孩呱呱坠地了，哭声划破了寂静的夜空，在冰冷的空气中回荡，仿佛向世人宣告，一个不平凡的生命来到了人世。这个男孩名叫孟轲，他就是后来大名鼎鼎的孟子。

孟子的先祖来历不凡，原本是鲁国公族孟孙氏。孟孙氏是春秋时期鲁桓公（前 711~前 694）的庶子。鲁桓公生有四子，嫡子叫同，继位为君，就是后来的鲁庄公。其他三子为庶子，他们是庆父、叔牙、季友。庆父为仲孙氏，即孟孙氏；叔牙为叔孙氏；季友为季孙氏。这三人世称“三桓”。“三桓”在当时实际执掌着鲁国的大权，势力煊赫，炙手可热。然而时势变换，“三桓”的势力逐渐衰微，他们的子孙开始迁往他乡，移居异国，孟孙氏一支就由鲁国迁居到邹。孟孙氏一支到孟子之时，家道衰落，早已失去了往日的辉煌。

孟子父亲的名与字，历史上没有确切的记载。《春秋演孔图》和明朝陈镐的《阙里志》说：“孟子父名激，字公宜。”但是此说法来历不明，所以人们认为不可信。孟子母亲的姓氏，早期的历史文献也无记载，后来出现了两种不同的说法。第一种，元初的《孟氏家谱》和陈镐《阙里志》均说孟子父亲名激，字公宜，娶仉氏；第二种，《重纂三迁志》说孟母李氏。

然而由于这两种说法也没有确切的事实根据，所以同样不足为信。

孟子的父亲去世很早，历史上关于孟子与父亲之间的生活细节没有任何记载，因此，我们不知道孟子受到了父亲的哪些影响。又由于孟子父亲早逝，养育和教育孟子的担子自然落在了孟子母亲的肩上。

关于孟子母亲对孟子的教育，民间流传着她严格教育孟子的故事，《韩诗外传》《列女传》就有不少记载。其中最为有名的是：孟母三迁、断织劝学、买肉啖子、孟子不敢去妇四则故事。

孟母三迁

相传为了使少年孟子有一个良好的成长环境，孟子的母亲曾接连三次搬家。

据说，孟子家最初在墓地附近。家门口经过的一拨拨的送葬队伍，墓地上一场场肃穆的丧葬仪式，给少年孟子留下了深刻的印象：大人们身穿孝服，抬着棺材，打着孝幡，吹着哀乐，挖坑填土掩埋死人的情景激起了小孟轲强烈的好奇心。他和小伙伴们争相效仿，玩起了送葬埋人的游戏，嬉戏追逐，乐此不疲。孟子母亲看见儿子整日以此为乐，非常着急，认为长此以往，儿子将来只会抬棺材、挖坑埋死人，不可能成为有用之才，于是她毅然决定搬家。

由于急于搬离墓地，没作仔细选择，孟子的家搬到了一个离集市不远的地方。集市上每天从早到晚，来来往往的商贾小贩，此起彼伏的叫卖声、吆喝声，各种各样的商品，使幼小的孟轲感到这里比起原来的墓地更为有趣热闹。他兴奋不已，邀集几个小伙伴，扮作商贾小贩，玩起了买卖货物的游戏。这游戏让小孟轲非常着迷，以至经常忘了回家。孟子的母亲看见儿子这副模样非常担心，心想：“我的儿子无论如何不能住在这样的地方，否则将来只能成为贩夫走卒，挣几个小钱养家糊口，不能成为有用之才。”孟子的母亲当下决定立即搬家。

这一次，孟子的母亲吸取上次的教训，在进行了周密的考察之后，她把家搬到了一个学宫附近。学宫里，学童们朗朗的读书声冲撞着孟轲幼小的心灵，他看见老师带领学童们演习摆放祭品、进退揖让、跪拜的礼仪，感受到来自礼乐文化的无穷魅力，他那如脱缰野马般撒欢狂奔的心绪渐渐安定下来。回家以后，他也学着学宫里学童们的模样，演习摆放祭品、揖让、跪拜的礼仪。看见孟子的这番举动，孟子的母亲庆幸这次搬家找对了地方。她无限感慨地说：“真可以居吾子也。”意思是，这个地方才真正适合我儿子居住。

一个人的成功与否固然主要依靠个人的主观努力，但是客观环境的影响也起着潜移默化的作用，孟母朴素地认识到这一点，所以她不厌其烦、不辞辛劳地搬家，为儿子选择良好的成长环境。

断织劝学

孟子到了上学的年龄，孟母也把他送进了学宫。然而淘气的小孟轲读书并不用功，觉得日复一日地识字习礼枯燥乏味，有了厌学情绪，甚至开始逃学。有一天放学回家，恰巧母亲正在织布，孟母问孟轲：“近来书念得怎样？”孟子回答说：“还不是老一套，没意思极了。”孟母听出了儿子的厌学情绪，她拿起身边的剪刀，把刚刚织出来的布剪成了两段。看见母亲的举动，孟子惊呆了。因为母子俩的生计主要靠母亲织布来维持，母亲织的布就是母子俩的衣食来源，剪断辛辛苦苦织好的布无异于自断生路。这时候就听孟母说：“送你去上学，是为了让你学习知识，长大成为有用之才，如果你不认真学习，三天打鱼，两天晒网，就会像这布一样，一旦剪断，就会前功尽弃，成为无用之物。”听了母亲的话，看着眼前剪断的布，孟子幼小的心灵受到极大的震撼，从此，他一改以往顽劣淘气之习，日夜苦读，终于不负孟母的苦心，学有所成，扬名天下。

买肉啖子

孟母不仅重视对孟子的正面教育，还很注意自己的言传身教，孟母“买肉啖子”就是一个典型的例子。

有一天，孟子正在读书，听到邻居家在杀猪，就放下手中的课本，问母亲：“邻居杀猪干什么？”孟母随口应道：“杀猪给你吃呗！”话一出口，孟母立即后悔自己失言，如果今天不给孩子买肉吃，不就等于告诉孩子有些事是可以随口乱说、不必当真的吗？想到这里，虽然生活拮据，但孟母仍然取钱到邻居家买肉煮给孟子吃。教子以正道，自己必先行正道，孟母为了教育儿子诚实守信，不说假话、谎话，自己首先以身作则，言出必行，一诺必信。由此可见孟母教子的苦心。

孟子不敢去妇

娶妻成家，是每一个正常男子必经的人生历程。孟子长大成人后，也同样步入了婚姻的殿堂。由于没有确切的历史记载，我们无法知道孟子有着怎样的婚姻生活，不过《韩诗外传》记载的孟子不敢去妇的故事，或许可以从中窥见一些蛛丝马迹，同时更可看出孟子的母亲对孟子的严格教育。

一天，孟子的妻子独自一人在卧房，因为没有他人在旁，所以比较放松、随意，踞坐在席。踞坐，在当时是一种不合礼制的坐姿，如果有外人在场，这样的坐姿是对他人的不尊重。孟子推门进屋，看到妻子这样的坐相，非常生气，转身出屋，恼怒地对母亲说：这个媳妇不懂礼数，我要休了她。不料孟子的母亲问明缘由之后，却反过来责怪孟子，说：礼书不是这样说吗？“将入门，问孰存。将上堂，声必扬。将入户，视必下。”意思是：在进门之前，先要问屋里是否有人；在登上厅堂之前，要高声打招呼，让堂上的人听见；进入屋中，眼睛要往下看。这都是为了让屋里的人有所准备，以免尴尬。像你这样不打招呼、冒冒失失闯进房中，让她措手不及，首先就是你违背礼节，怎么能怪罪你媳妇不懂礼数，又怎么能休了她呢？母亲对孟子的这番教训，使孟子知道，人不能只盯着别人的错误，而应该学会自我反省。可见孟子的母亲不仅是一位严母，而且也是一位通情达理、宽容大度的慈母。

以上这些故事可能有后人杜撰的成分，但并不是空穴来风，孟子在中国历史上能够有如此不凡的建树成为一位伟人，必定与孟母严格而精心的教育有着至为重要的关系。这些故事自汉代以来就已家喻户晓，成为后人教育子女的重要借鉴。

第 2 章

早年求学　追慕子思

公元前 358 年～公元前 343 年

孟母是孟子的第一位老师，孟子能够在中国历史上大放异彩，与母亲严格而精心的教育密不可分，但是作为一位人生范围局限于家庭的女性，孟子的母亲对儿子所能做的，主要是督促。而在战国百家争鸣、异说纷呈的复杂文化环境下，选择哪家学说，这种学说的精髓与实质何在，要解答这些问题，孟子的母亲显然无能为力，只有孟子的老师才能胜任。

关于孟子的老师，历史上有两种说法。一种是以司马迁为代表，司马迁在《史记·孟子荀卿列传》中说："孟轲，邹人也。受业于子思之门人。"认为孟子的老师是子思的学生。另一种以东汉刘向、班固、赵岐等为代表，他们十分肯定地认定孟子的老师就是子思。这一说法，在中国古代学人中影响深远。唐代韩愈、宋代程颐对此都深表赞同。

经过研究，我们认为第一种说法更为可信。也就是说，孟子的老师不是子思，但可能是与子思有密切关系的人。有这样几条理由：

其一，从时间上来看，孟子不可能拜子思为师。子思是孔鲤之子，孔子之孙，名伋。据《史记》记载，子思享年六十二岁。子思约生于公元前 483 年，约卒于公元前 420 年。而孟子生年约在公元前 372 年。也就是说，孟子是在子思死后约四十年后才出生，因此，孟子不可能拜子思为师。

其二，孟子自述师承，曾非常遗憾地表示自己没能亲承孔子的教诲，而只得“私淑诸人”。“私淑”，就是私下里向其他人学习。也就是说，孟子求教问学的老师不是一个人，而且很大程度是自学而来。

由此可见，孟子的老师不是子思，如果是子思，以子思的身份、地位、学识，孟子没有必要隐而不言，更何况孟子本人非常尊崇子思。只能说明孟子的诸位老师们在当时没有特别的名望，或者他与这些老师也并没有实际的师生关系，所以没有必要特意加以点出。

虽然孟子的直接老师不是子思，但是孟子求学问道的老师在思想上应当与子思是一系的，而在当时百家争鸣的文化环境中，孟子无疑更尊崇子思之说。我们从孟子的思想言行中能够清楚地看到他对子思的推崇，也能够清楚地看到子思的思想言行对孟子的影响。

孟子的君臣之道就深受子思的影响。下面几件事就是明证。

第一件事，孟子隐几而卧，不睬说客。此事见于《孟子·公孙丑下》。

孟子认为，君主尊重大德、大贤之臣，必须要有诚意。

孟子经过多次努力，却发现齐国的君王根本不可能采用自己的王道主张。虽然齐王给了他很高的待遇，生活也非常优越，然而怀抱着“穷则独善其身，达则兼善天下”理想的孟子，毅然离开了齐国。中途住在昼邑休息。以孟子在当时的声望，他离开齐国，对齐国来说是颜面无光的事情，所以齐国有位大臣前来劝说孟子留下，态度非常恭敬。然而孟子不仅不理会这位大臣，反而靠在小几上打盹，惹得这位大臣非常不高兴，他生气地说：“我非常尊重先生，所以在来的前一天就虔诚地斋戒沐浴，可是先生对我却不理不睬，我再也不敢来求见您了。”孟子听后睁开眼，告诉他：“从前鲁缪公为了留住子思，让子思安心，常常派人到子思身边伺候，表达尊重子思的诚意。君主对待贤者要有诚意，才能让贤者安心。现在你替齐王来挽留我，可是齐王并不理解我，只是敷衍我，齐王不改变态度，你用空话来留我，又有何益?”孟子用鲁缪公对待子思之事来表明自己离开齐国并不是意气用事，而是因为齐王当时根本没有尊重孟子的诚意。

第二件事，子思赶走鲁缪公使臣，拒受馈赠。此事见于《孟子·万章下》。

鲁缪公虽然经常派人到子思身边问候，并赠送肉食，但并没有起用子思，而子思为了鲁缪公送来的肉食，迫于礼节，不得不一次次摧眉折腰，叩头作揖。后来子思忍无可忍，就把鲁缪公派来送肉食的使臣赶出了大门，并且说：“今天我才知道君主是把我当作犬马一样的畜生来养的。”在子思看来，喜爱贤者，用精美的食物招待贤者，满足他们的物质需要，却不任用他们，这与养狗、养马没有任何区别，子思不愿做君王豢养的犬马，所以他不惜冒犯君威，赶走君王的使臣。孟子对子思驱赶缪公使臣的壮举崇拜得五体投地，浓墨重彩地进行了描绘，借此事说明君王尊重贤者最重要的不在于衣食奉养，而在于举用他们，让他们能学有所用，实现理想和抱负。

第三件事，子思批驳鲁缪公。

鲁缪公拜见子思，多次问过同一个问题，就是古代拥有千辆兵车的大国之君与士人交友，是如何做的?实际是由此委婉地传递出自己想与子思交友的意向。可是子思对缪公的这个问题很不满意，他冷冷地说：“古人曾有至言，对于有德的士人，国君应拜他为师，哪会与他交友呢?”子思的意思是：从身份地位来说，君臣之间有等级名分的限制，君是君、臣是臣，士人不能与君主交友，因为朋友是一种没有年龄、身份、职务、家庭等等限制的平等的关系，如果士人与君主交友，就是把自己放在与君主平等的地位，这是违背礼制的；君王如果认为士人见识广博、德高望重，就应该拜他为师，亲自前往请教，而不能当作招之即来、挥之即去的一般大臣对待。天子尚且不能召见老师，何况是一般诸侯国君呢？由此可以看出子思“不事王侯，高尚其事”的刚风傲骨。子思在鲁缪公面前向来以师长自居，而鲁缪公也确实对子思尊礼有加。子思的德识在当时也赢得了其他国家君主的尊敬，如费国之君惠公就说：“对于子思，我把他当作老师；对于颜般，我把当作朋友；而王顺、长息，只是事奉我的人。”君主可以有自己的朋友，但是对于那些德高望重的贤者则应以之为师。

把有德者当作老师是孟子理想中的君与贤者的相处之道。能够做帝王之师也是孟子处理自己与君王关系的原则，孟子从来没有把自己降格为一般大臣，总是以君王之师的姿态出现，所以他从不曾在君王面前俯首低眉，而是以师者之尊俯视君王，对君王施以教诲。孟子为帝王之师的思想和行为就是师承子思。

在孟子时代，并非只有子思一人要求君王要真诚尊重贤者、举用贤者、以贤者为师，然而在碰到这一问题时，孟子总是情不自禁地推出子思，只能说明子思的思想言行对他有根深蒂固的影响，因为一个人要证明自己的观点，往往会举出他所熟悉的事例来加以证明。

不只是在君臣之道方面子思的思想言行深深影响了孟子，而且孟子思想核心精神的形成也与子思有莫大的关系。

心性论是孟子的核心思想。孟子认为，每个人生来就具有四种善心，这四种善心就是“恻隐之心”“羞恶之心”“辞让（恭敬）之心”“是非之心”，所以人性不为恶，而为善；只要能够排除外界干扰，认真反省，扩充善心，那么每个人都能成为贤人君子。孟子心性论思想与子思《中庸》提出的“天命之谓性”是一脉相承的。“天命之谓性”，就是说从来源而言，人的本性包括万物的本性都由天赋。性由天赋，被孟子表述为四心由天赋。

由于深受子思的影响，孟子不经意间把子思的语言用在自己的文章和谈话中，有时几乎是全部套用。如，子思说：“诚者，天之道；诚之者，人之道。”意思是：真实无妄是天地的根本性质，是做人的根本道理。孟子则说：“诚者，天之道；思诚者，人之道。”（《孟子·离娄章句上》）意思是：真实无妄是天地的根本性质；通过反思自己的行为而做到真实无妄，是做人的根本道理。

正因为孟子与子思在思想上实为同一系统，所以历史上把子思、孟子一派称为“思孟学派”。

综上所述，孟子的老师虽然不是子思，但是向孟子传授知识的老师一定是子思一系，所以司马迁称孟子的老师是“子思之门人”是可信的。所谓英雄不问出处，我们在这里探寻孟子的老师，不是为了借此抬高孟子的地位，而是清楚他的思想来源，从而更好地理解孟子这个人以及孟子的思想。

孟子拜子思的门人为师，从老师那里他不仅学到了子思的学说，而且也掌握了孔子思想学说的精髓。当他把孔子学说与当时蜂起的诸子学说相比之后，他笃信只有孔子学说才是救治天下的唯一正确之道，自己的责任就是维护孔子学说，宣扬孔子倡导的仁爱观、德政、王道，以安定天下。

第 3 章

游说诸侯　宣扬王道

一、居邹　出仕授徒

公元前 342 年～公元前 331 年

孟子师从孔门儒家，有着孔门儒家积极救世的远大抱负和宽广胸怀。学有所成后，孟子踌躇满志，希望能到社会上施展自己的本领，实现自己的理想和抱负。

故乡邹国成为他出仕的首选之地，邹国自然也就成为孟子政治生涯开始的地方。

孟子在邹为官期间，邹国与鲁国发生了一场冲突，邹国的官员在这场冲突中死了三十三人，而邹国的百姓在旁边看着自己的长官被鲁国人打死，没有一个人伸手相救。邹穆公对此非常生气，想处罚这些百姓，又法不责众；不处罚这些百姓，又难以咽下心中的怒气。邹穆公询问孟子的看法。孟子的回答是："出乎尔者，反乎尔也。"意思是：人与人的关系是相互的，你怎样对待别人，别人也会怎样对待你，官员与百姓的关系也不例外。邹国的那些官员平时对百姓漠不关心，灾荒年月，百姓无衣无食，四处逃荒，有的人被活活饿死，这些官员却袖手旁观，明明知道国家的粮仓盈实、库房充足，却不上报灾情，让国家开仓济民，结果使百姓因为得不到求助而背井离乡、横尸荒野，所以当这些官员遭遇危难时，百姓自然不会出手相救。

孟子显然是站在百姓的立场，为百姓呐喊呼吁。他劝邹穆公，如果要让百姓尊敬他们的长官，并且愿意为他们赴汤蹈火，那么只有实行仁政，关心百姓，保证百姓有饭吃、有衣穿。孟子首先是在自己的故乡宣传和播撒他的仁政思想。

从《孟子》一书中，看不到孟子在邹国有更多的作为，显然当时的邹国国君并不重视孟子，甚至有可能对孟子还有点不耐烦。孟子的理想和抱负无法在邹国实现，他没有消沉，也没有像老庄学者那样为追求个人精神上的逍遥自由而隐居山林，而是效法孔子，离开父母之邦，远游他乡，宣扬儒家的王道、仁政思想，为实现理想和抱负而奔走，开始了漫长的游历生涯。这时他大概已有四十多岁。

四十岁，是孔子所说的“不惑之年”，是孟子所说的“不动心”之年。经过多年的磨砺，孟子自认为面对人世间的荣辱祸福、是非得失能够处之泰然，不会再为身外之事而动心，他说：“我四十而不动心。”他对自己的理想抱着坚定的信念，对即将走上的出游之路也作好了充分的思想准备。

孟子在邹为官前后，也开始收徒讲学。孟子深得弟子爱戴，师生关系相当亲密，所以出游诸侯国的旅程中，孟子并不是孑然独行，有尊他、爱他的弟子陪伴在身边。

二、首次游齐　不遇威王

公元前 330 年~公元前 324 年

孟子离开邹国，首先来到了齐国，此时的国君是齐威王。齐威王是齐国历史上很有作为的一位国君。齐威王即位的时候，原来强大的齐国已衰弱不堪，经常受到其他国家的攻击。齐威王即位后，励精图治，采取了一系列行之有效的治政措施，在他当政的三十六年期间，齐国重现往日的辉煌，再度成为东方实力最强的国家。

齐威王能够振兴齐国，因素很多，但最重要的原因是他重视人才，他把人才作为镇国之宝。《史记·田敬仲完世家》记载，齐威王二十四年（前 333），曾与魏惠王进行过一次关于“国宝”的讨论。有一天，齐威王与魏惠王一起在郊外打猎，攀谈中，魏惠王问齐国有何珍宝，齐威王回答说齐国没有珍宝。魏惠王感到很诧异，说：“我们魏国这样的小国家尚且有直径一寸、光彩能够照亮前后十二辆车的珍珠十枚，强大的齐国怎么会没有珍宝？”齐威王回答道：“因为我所说的珍宝与你所说的珍宝不同，你以珍珠为宝，我以人才为宝。在我的大臣中，有一位叫檀子的，让他守卫南城，西面的楚国就不敢向东入侵，泗水周边的十二诸侯都来向齐国朝拜；我的大臣中有一位叫盼子的，派他守卫高唐，赵国人就不敢向东入黄河捕鱼；我的官吏中有一位叫黔夫的，派他镇守徐州，赵国与燕国都很害怕，两国的百姓也纷纷往我们国家迁徙；我的大臣中有个叫种首的，派他稽查盗贼，盗贼立即销声匿迹，社会秩序井然。这些人都是齐国的珍宝，他们捍卫国土，守卫边疆，光彩能够照耀千里；而您的那些珍珠，却只能照亮前后十二辆车。”正因为齐威王重视人才、尊重人才，所以他的身边聚集了众多的人才，中国历史上著名的军事家孙膑就是齐威王的军事谋臣。也正因为众多人才齐聚齐国，在他们的努力下，齐国不仅甩掉了衰弱不堪的帽子，而且以强大的军事实力、经济实力雄视东方。

枉己者不能正人

齐国强大的军事、经济实力，齐威王对人才的重视，对孟子产生了巨大的吸引力，他认为在当时混乱的形势下，如果富庶而强大的齐国能够实现王道、仁政，那么统一、安定天下，救百姓于水火，必定易如反掌，所以齐国成为孟子游历的首选目标。

然而齐威王所热衷的是霸道，想借武力称霸诸侯。《孟子》中没有孟子与齐威王之间对话的记载，而且从《孟子》来看，当时的齐国也没有给予孟子官职，说明齐威王对孟子的“行仁义以安天下”的王道之说不感兴趣，因此孟子没有受到齐威王的重视，齐威王主政的齐国没有给予孟子展示才华的舞台。

尽管如此，孟子并没有放弃理想，没有改变自己的处世原则。没有国君的礼请召见，孟子从不主动去见他们，首次游齐就是这样。他的学生对孟子不主动去谒见齐王不理解，弟子陈代就认为老师这样做，太拘泥小节。陈代劝孟子只要稍微委屈一下自己，主动去见诸侯，大则可以实行王道而称王天下，小也可以富国强兵而称霸于世。孟子批评了陈代的想法，他指出有些原则是必须要坚持的，如果违背原则屈从诸侯，那就是自己不行正道在先，自己违背正道，如何能让别人行正道？“枉己者，未有能正人者也。”（《滕文公下》）实行王道而安天下是孟子一生的理想，但是孟子认为实现理想必须通过正道，哪怕理想不能实现，也不能放弃正道，违背正道，不择手段，即使实现了理想，也已经失去了理想的本意。

嫂溺不援，是豺狼

孟子坚持政治原则，绝不枉道去见齐王的做法遭到齐人淳于髡的讥讽。淳于髡是齐国著名的辩士，身“长不满七尺”，生性“滑稽多辩”，司马迁说他“博闻强记”，为人善于察言观色，见风使舵。淳于髡难以理解孟子对原则的执着与坚持，所以见到孟子，就给孟子出了一道难题。

他问孟子：男女授受不亲是礼制的规定，可是如果嫂嫂掉进水中，用不用伸手去救呢？淳于髡不愧为齐国著名辩士，他出的实际是一个两难的问题：嫂嫂掉进水中，如果坚持礼制原则，那么就不能伸手拉嫂嫂，只能眼睁睁地看着嫂嫂淹死；如果伸手救嫂嫂，嫂嫂虽然活下来了，但却违背了礼制原则。

孟子的回答是：“嫂溺不援，是豺狼也。男女授受不亲，礼也；嫂溺，援之以手者，权也。”意思是：嫂嫂掉进水中，如果不伸手相救，是豺狼的行径，所以当然要伸手拉嫂嫂救她上来。孟子进而解释道：男女授受不亲是礼制原则，伸手相救掉进水中的嫂嫂是在特殊情况下对礼制原则的变通。也就是说，原则当然要坚持，但是也允许在特殊情况下灵活变通。

这正是淳于髡想要的回答，所以他话锋一转，引出主题：现在天下人如同掉进水中的嫂嫂一样，处于危难之中，为什么你还死抱着原则不放，不变通一下伸手援救天下呢？

孟子的回答十分巧妙：他告诉淳于髡，要分清伦理问题与政治问题的界限；救嫂与救天下的方法和途径有着根本的区别。救嫂，可以用“手”；然而救天下只能用“道”。他反唇相讥，反问淳于髡：难道要我用手救天下吗？显然，不可能用手救天下，只有用道。孟子所说的道，就是他始终坚持的“王道”“仁政”。

在孟子与淳于髡的辩难中，孟子非常生动地运用了儒家非常重视的“反经行权”观。“反”，即返回；“经”，即正道，原则；“权”，即权变，变通。“反经行权”，就是在一般情况下必须坚持原则，但是也允许在特殊情况下对原则作出适当的调整和变通。“经权之辩”是儒家处世智慧的体现，在坚守原则的同时，又不拘泥固执，死板教条，既避免了绝对主义，又不会陷入相对主义。

齐威王没有任用孟子，齐国的政坛没有孟子的位置，不过孟子在齐威王时的齐国政界有两件事还是值得一提的。第一件事是劝蚳蛙尽进谏之责，第二件事是与匡章同游。

劝蚳蛙进谏

蚳蛙是齐国大夫，他辞掉原来的官职，请求做了治狱官。向君王进谏是治狱官的职责，可是蚳蛙上任几个月并没有向国君进一言。孟子知道后，劝蚳蛙向齐王进言。于是蚳蛙就向齐王进言，然而齐王并没有采纳蚳蛙的意见，蚳蛙便辞职离开了。

这件事在当时引起一些齐国人对孟子的不满。他们认为孟子自己从未向齐王进一言，却劝蚳蛙向齐王进言，导致蚳蛙因为进言不被采纳而辞职；那么孟子又怎么解释自己不向齐王进言的做法呢？

孟子认为官员都有自己相应的职责，如果不能履行职责，就应该主动辞职，否则就是尸位素餐；蚳蛙进言，是他应尽的职责，进言不被采纳而辞职离开，理所应当；而自己在齐国没有一官半职，“不在其位，不谋其政”，出处进退当然可以自由灵活，不向齐王进言合情合理。

孟子有着强烈的道德责任感和历史使命感，他认为士人、君子不能忘记自己应尽的道德责任。他劝蚳蛙向齐王进言，就是他的道德责任感使然。

与匡章同游

匡章是齐国武将，在齐威王时曾大败秦兵。匡章的母亲因为触犯了匡章的父亲，被匡章的父亲一怒之下杀死，埋在了马栈下面，父子关系因此而弄僵；然而，在父亲死后，匡章却没有改葬母亲。据匡章后来解释，之所以不改葬母亲，因为母亲是得罪父亲而死，父亲死时并没有留下遗言让改葬母亲，如果自己擅自改葬母亲，就是欺侮死去的父亲。虽然如此，他不改葬母亲的行为让当时的人们很难理解，齐国上下都斥责匡章不孝，不愿与之来往。

然而孟子来到齐国，并不理睬世人对匡章的流言蜚语，频频与匡章来往。孟子弟子公都子担心与匡章的来往会影响到老师的名声，于是借请教之名，委婉劝阻孟子。公都子说：“匡章，全国上下都说他不孝。老师你却同他来往，而且还很尊敬他，请问这是为什么？”

孟子向公都子袒露自己的看法，通常人们认为的不孝行为有五种：四体不勤，懒惰，不赡养父母，是一不孝；嗜好下棋饮酒，不赡养父母，是二不孝；贪恋钱财，偏爱妻室儿女，不赡养父母，是三不孝；放纵声色，使父母蒙羞，是四不孝；逞匹夫之勇，打架斗殴，危及父母，是五不孝。在这五种不孝行为之中，匡章没有触犯其中一项，怎么能说匡章不孝呢？

在强大的社会舆论压力面前，孟子毅然与匡章交往，说明孟子结交朋友时，不会被别人的意见所左右，有自己的判断标准，显示出孟子不媚世俗、特立独行的风采。

孟子与匡章一起经常探讨人生时事。他们曾谈到一个被时人公认为廉士的人，此人叫陈仲子。陈仲子清廉自守的事迹在社会上广为流传，后来的《荀子》《韩非子》《淮南子》中都有关于他事迹的记载。“陈仲子立节抗行，不入洿君之朝，不食乱世之食。遂饿而死。”（《淮南子·泛论训》）

据匡章说，陈仲子哪怕挨饿也不吃不义之食。住在於陵时，有一次已经三天没有东西吃了，由于极度饥饿，耳朵没有了听觉，眼睛没有了视觉，最后爬到井边摸到了金龟子吃剩下的半个李子吃了，耳朵才逐渐能听到声音，眼睛才逐渐能看到东西。陈仲子亲自编草鞋，他的妻子绩麻、练麻，夫妇二人用自己的劳动所得去换取生活必需品。匡章认为陈仲子可谓真正的廉士。

孟子不完全同意匡章的看法。他认为如果与齐国的其他士人相比，陈仲子可能算得上是首屈一指的人物，但是陈仲子的行为却不是真廉士之行。孟子的理由是：陈仲子出身于齐国世家大族，他的哥哥陈戴仅从盖地得到的禄米就有几万石之多。陈仲子认为他哥哥的禄米是不义之禄而拒绝吃，认为他哥哥的房屋是不义之产而拒绝住，于是就离开哥哥，离开母亲，住到了於陵。后来有一天陈仲子回家，正好有人送给他哥哥一只活鹅，他皱着眉头说：“要这嘎嘎叫的东西做什么？”过了些日子，他母亲杀了这只鹅，做给他吃，他正吃着，他哥哥从外面进来，说：“这就是那嘎嘎叫的东西的肉喔！”陈仲子听后，马上跑到外面把肉吐了出来。因为是母亲用哥哥的东西做的食品便不吃，妻子做的食品就吃；因为是哥哥的房屋便不住，於陵的房屋就住。如果认真追问一下，那他住的房屋是清廉的伯夷建造的呢？还是盗匪盗跖建造的呢？所吃的粮食是清廉的伯夷种的呢？还是盗匪盗跖种的呢？这些都不可知。

在孟子看来，清正廉洁是应该恪守的正道，但是追求清正廉洁不能违背人性人情。陈仲子为了自己所谓的清正廉洁，离开母亲，逃居於陵，不尽事母之义，就是对孝道的毁弃；而且人是社会的组成部分，不可能完全隔绝社会，而逃避现实。像陈仲子这样的行为，只有把人变成不食人间烟火的蚯蚓才能做到，而人毕竟不是蚯蚓。陈仲子之行也违背了儒家提倡的中道，走向了极端。

从孟子与匡章的辩论来看，虽然孟子不顾世俗压力，毅然与匡章同游，但是如果匡章在思想认识方面确有错误，孟子也并不迁就附和。这再次证明孟子与匡章同游，并不是故作姿态，有意与世人作对，以提高自己的知名度，而是以义为准则的。

孟母葬礼

在孟子第一次游齐后期，发生了一件极为不幸的事情，他的母亲去世了。自父亲去世后，孟子一直与母亲相依为命，游说齐国，也携老母同往，母亲是他生命中重要的精神支柱。陪伴了孟子大半生的母亲撒手人寰，无疑是对孟子的沉重打击，母亲的葬礼就成为孟子向母亲表达孝心的重要机会。孟子认为，“养生”和“送死”都是孝道的重要内容，他甚至说，“养生不足以当大事，惟送死可以当大事”，因此，他对母亲的葬礼不敢有丝毫的懈怠。

孟子按照礼制，为母亲办了隆重的葬礼。由于孟子是鲁国孟孙氏之后，祖墓在鲁国，所以孟子离开齐国，归鲁葬母。孟子还尽自己的财力为母亲置办了非常华美的棺椁、精美的衣衾。棺椁是让弟子充虞负责督办的，然而棺椁、衣衾的华美程度，连充虞都觉得不可理解。后来他悄悄问孟子：老师，棺木似乎有点过于华美了吧。

孟子对此进行了解释：远古时代，棺椁做多大并没有严格的礼制规定，中古时期才有了明文规定——棺厚七寸，外棺的厚度与之相称。上自天子，下至百姓，用最好的棺木埋葬逝去的亲人，不仅仅是为了外表好看，而是只有这样才能让自己心安，这样做也才算是尽了为人子的孝心。限于礼制、财力，没有办法用好的棺木，当然心里难过。我现在为母亲置办的棺木，既没有违背礼制，也在我财力允许的范围之内，“君子不以天下俭其亲”，就是说，真正的君子不会因为天下人不理解、指责而在父母身上省钱。

孟子初次游齐，虽然齐国没有给予他实际的官职，但是却给了他大夫的身份。依据礼制，在祭祀时，大夫用五鼎，士用三鼎。所以，孟子用大夫五鼎之礼祭祀死去的母亲，并为母亲守丧三年。

孟子尽力为母亲操办葬礼，比较典型地体现了儒家强调的厚葬之道。然而孟子认为，厚葬并不是要人们倾家荡产为父母置办豪华的葬礼，丧礼的得当与否在于自己的孝心与自身财力的承受能力，超过自己的财力，那就违背了丧礼的本意。

孟子为母守丧三年后，又返回了齐国。然而齐国再次让他失望了，不仅他的主张不被采纳，而且原来生机勃勃、意气飞扬的稷下学宫也开始衰败，孟子下决心离开齐国。临行时，齐王派人送来了一百镒上等金。孟子认为没有什么理由接受这些钱，就断然拒绝了。

三、至宋过薛　失意而归

公元前 323 年

孟子首次游齐，满心欢喜而来，灰心失望而去。离开齐国后，孟子前往宋国。

此时的宋国之君是宋王偃。宋王偃是夺了哥哥的位置而坐上国君位置的。据《战国策》《史记》《庄子》记载，他在位期间，曾经“东败齐，取五城；南败楚，取地三百里；西败魏军”，与齐魏等国为敌，而且“盛血以韦囊，具而射之，命曰射天”，平时沉湎于声色享乐，荒淫无度。大臣有敢出来劝谏的，经常被他射杀，当时的诸侯都称他为“桀宋”，必欲诛之而后快。由此可见，宋王偃实际是一个崇尚武力、嗜血成性的暴君，既不尊天，也不敬人。他在杀兄夺位自立为君之后，为了掩人耳目，安抚人心，向外宣称要实行仁政。

孟子一心想要推行仁政，听到宋王偃要实行仁政的消息，离开齐国后，想也没想，就西行前往宋国。

路遇宋轻

孟子师生一行在前往宋国的途中，在石丘遇到了当时非常著名的宋国思想家——宋轻。

宋轻的基本主张是：认识事物要破除个人的主观成见，从而消除人与人在思想认识上的矛盾；人人淡薄物欲，寡欲，从而消除人与人之间的名利纷争；反对兼并战争，“禁攻寝兵”，从而消除战争给百姓带来的灾难。

孟子看到宋轻，非常尊敬地问他：“先生准备去哪里?”宋轻说：“秦国与楚国正在交战，我准备去见楚王劝他罢兵。楚王要是不听，我就去见秦王，劝他罢兵。两个君王当中，总有一个会听从我的意见的。”宋轻还说：打算向秦楚之君详细阐明交兵所产生的不利因素，让他们认识到交兵给各自带来的不利后果，从而使他们能够各自收兵。

孟子听后极力反对。他认为，宋轻完全从功利的角度劝说秦楚之君罢兵，即使秦楚之君罢兵，但是由于罢兵的动机是出于利，那么从功利出发而罢兵的行为必定会产生极为恶劣的影响，会把人们引向求利之路，君臣、父子、兄弟相互之间唯利是求，以利相对，这样的国家迟早要走向灭亡。孟子进而表明自己的观点，认为劝说秦楚之君罢兵的上佳方式应当是讲求仁义，秦楚之君如果出于仁义而罢兵，人们深切感受到仁义的巨大魅力，受其感召而心向仁义，君臣、父子、兄弟之间以仁义相待，全社会都沐浴在仁义的光辉之下，这样的君主如果要称王天下，指日可待。孟子认为，无论做任何事，动机非常重要，如果动机不正，即使达到了预期的目的，必然留下严重的后遗症，造成难以挽回的损失。宋牼从利出发，就大错特错了。

一傅众咻

告别宋牼，孟子与弟子们继续前行，来到宋国的都城彭城。

由于宋王偃本来就是想借行仁政之名来掩盖他杀兄篡位的恶行，转移人们的视线，并不是要真心实行仁政，所以孟子在宋国的情况并不理想。

在宋国，孟子先见到了宋王的近臣戴不胜。宋国能否推行仁政，关键在于宋王，所以见到戴不胜，孟子开门见山就谈起了他对宋王的看法，希望戴不胜能将他们之间的谈话转告宋王。

孟子对戴不胜说，如果戴不胜想让宋王心向善道，就必须对宋王身边的人进行大的调整，宋王之所以未能实行仁政，是因为宋王身边的贤臣太少。这就好比一个楚国大夫想让他的儿子学说齐国话，虽然找来了齐国人教他，然而身边却有许多楚国人在不停地吵闹打扰，在这样的环境下，即使天天用鞭子抽打他，逼他说齐国话，也是不可能的，他只会说楚国话；相反，把他带到齐国首都临淄庄街、岳里这样的闹市住上几年，在这样的环境下，即使天天用鞭子抽打他，想让他说楚国话，也是不可能的，他只会说齐国话。所以，一个人的行为和品行与他周边的环境以及他所接触到的人有着非常紧密的关系，宋王身边的人都是粗鄙小人，虽然有一个人称善士的薛居州，然而即使薛居州住到王宫，天天陪伴在宋王身边，也禁不住左右宵小之辈的干扰和破坏，毕竟孤掌难鸣、势单力薄，所以宋王如果真心向善，要行仁政，当务之急是选用贤人、逐除奸佞。

经过这一番剖析之后，孟子自己也冷静下来了，清醒地意识到在这样一个小人当道的宋国要实行仁政恐怕很难。

不拜宋王

戴不胜是否将孟子的意见转达宋王，我们不得而知，但是宋王既没有登门求教孟子，也没有礼请孟子，却是事实。宋王不来见孟子，也不召见孟子，孟子当何去何从？是放下尊严，主动谒见宋王，为实行仁政争取一线机会呢？还是坚守原则，维护自己的尊严，不见宋王？孟子选择了后者。

辛辛苦苦、风尘仆仆来到宋国，宋王不召见，孟子也不去见宋王，弟子们很不理解。孟子高足公孙丑代表其他弟子询问孟子：不主动见诸侯是何道理？孟子避开了公孙丑的话锋，没有直接作答，反而谈起了古礼、古事。

他说，古时候，如果不是诸侯的臣子，就不见诸侯。但是虽然不是诸侯之臣，如果君王礼贤下士前来登门求教，当然还是可以见的。泄柳和段干木是历史上两个有名的高士，然而魏文侯前去拜访段干木时，段干木却跳墙避开了，鲁缪公前去拜访泄柳，泄柳也闭门不见。阳货想让孔子来见他，自己不主动先去拜访孔子，反而想出了一个馊主意逼孔子来见。按照礼节，如果大夫赏赐东西给士，士如果没有在家亲自接受并拜谢，就应到大夫家登门拜谢。阳货就趁孔子不在家，派人给孔子送去一只蒸熟的乳猪，他以为这样孔子就得乖乖上门来见，岂料孔子以其人之道还治其人之身，也趁阳货不在家，上阳货家拜谢。

段干木、泄柳不见国君，孔子不见阳货，他们三人的行为看似相同，其实不然。在孟子看来，魏文侯、鲁缪公是真心前来拜访，段干木、泄柳避而不见，他们二人为了自己的清名，而拒绝了一份真诚的敬意，失于太过；而孔子不见阳货，就十分妥帖，因为阳货没有礼贤下士的诚意，如果阳货放下架子，先去拜访孔子，孔子当然会去见他。

与这三人相比，孟子认为自己不见宋王，既不是宋王来见，自己要大牌避而不见，也不是宋王送来礼物，自己拒不接受，而是宋王本人没有见自己的诚意，也没有实行仁政的真心。孟子和宋王志趣不合，如果勉强自己与一个志趣不合的人接交往来，一面强装笑颜，一面又满心羞愧，这不是君子之道，做人要内外如一。孟子已经认清了宋王的真面目，他宁可失去从政的机会，也不愿意屈尊以求。

不做偷鸡贼

虽然如此，孟子还是利用一切机会宣传仁政。

当宋大夫戴盈之前来拜见时，孟子与他谈了实行仁政在税收方面应当注意的问题。孟子主张治理国家，在经济上要减轻税收，田税实行十分抽一的税率，市场和关卡的征税要取消。

戴盈之听后对孟子说，十分抽一的税率、取消市场和关卡的征税虽然有道理，但是今年还很难完全做到，我们现在先减轻一些，到明年再完全实行。

孟子听后知道是戴盈之在找借口推托，性情耿直的他立即对戴盈之说，现在有个人每天偷邻居一只鸡，有人告诉他说："这不是有德之人的行为。"那人说："那就先减少一点吧，我把每天偷一只鸡改成每月偷一只鸡，等到明年，再彻底洗手不干。"孟子认为戴盈之以及宋国的君臣明知自己的行为不对，却推三阻四不下决心马上改正，与这个明知偷鸡有错却不立即金盆洗手的偷鸡贼没有本质的区别，孟子这个时候把戴盈之以及宋国的君臣比作偷鸡贼，可想而知他的愤怒之情，而此时孟子也对宋国君臣彻底死心了。他的心里萌生了离开宋国的想法。

初见滕国世子

正当孟子要离开宋国的时候，滕国世子前来拜见。滕国世子本是去楚国访问，途经宋国，听说孟子在这里，于是前来拜访。

在孟子与滕国世子的谈话中，孟子的性善论与孟子“言必称尧舜”的谈话方式给滕国世子留下了深刻印象。按照孟子的观点，每一个人都有先天的善性，在这一点上普通人与圣人没有差别。圣人尧舜并不是先天即圣，他们能够成为圣人，是因为他们后天坚持不懈，努力向善的结果；而生活中的大众则往往为私欲蒙蔽，忽视了自身的修养，所以成为普通人，但是只要能够迷途知返，同样可以成为尧舜那样的圣人。

孟子的性善论，孟子对“人皆可为尧舜”的肯定，给滕国世子以强烈的震撼，也使他看到了自己以及自己国家的希望。只要自己努力不懈，认真向善，不仅自己可以成为尧舜那样的圣人，而且滕国也会因此而治理得井井有条。滕国纵小，其他国家也不敢小视。虽然孟子的思想让滕国世子对自己和自己的国家信心倍增，然而他对此还是心存疑惑，所以在滕国世子从楚国返回滕国的途中，又特意在宋国停下来，再次向孟子请教。

孟子看出了他的疑虑。他开门见山并充满热情地对滕国世子说：“世子怀疑我的话吗？天下的真理只有这么一个。就如齐国勇士成覸对齐景公所说：‘他是个男子汉，我也是男子汉，我为什么怕他呢？’又像孔子的得意弟子颜渊所说：‘舜是什么样的人，我也是什么样的人，有作为的人就应该像他一样。’人与人没有太大的差别，只要自己肯努力，世间的事没有做不成的。滕国虽小，但是若把土地截长补短，拼成正方形，每边之长也将近五十里，还是可以治理成一个好国家的。”孟子的鼓励和鞭策让滕国世子充满了信心。

受赠有道

送走滕国世子，孟子动身离开了宋国，准备返回故乡邹国。临行前，宋王送来了七十镒金作为盘缠，孟子没有推辞就接受了。路过薛地时，薛地的长官送来了五十镒金用来购买防身的武器，孟子也没有推辞就接受了。

孟子的弟子觉得很奇怪，离开齐国时，齐君曾经送来了一百镒上等金，老师都没有接受，现在反倒接受宋、薛送来的七十镒金、五十镒金，为什么？弟子陈臻就认为：都是别国君主送来的钱，为什么有的就接受，有的就拒绝呢？如果拒绝他国君主赠予的钱财是正确的，那么老师也应该拒绝宋王、薛君的馈赠；如果别国君主赠予的钱财只有接受才是正确的，那么老师也应该接受齐王的馈赠。两种相反的行为只能有一种是正确的，不可能都对，他说："老师在两种做法中，一定有一个是错的。"这样就在逻辑上把孟子逼到了两难的境地。而出乎意料的是孟子回答：两种做法都没有错。

孟子耐心地向弟子们解释：宋王送来七十镒金时，说明了七十镒金是作为盘缠之用，而远行在外，不能没有盘缠，理由充分正当，所以就接受了；薛君馈赠五十镒金时，也说明了五十镒金是用来购买防身的武器，而我们后面将要走的路途确实险象环生，为防不测，必须要买些武器防身，薛地馈赠的理由同样充分正当，因此虽然五十镒金并不多，但也接受了。而齐王派人送来一百镒上等金时，什么理由都没有，如果接受了这种毫无理由馈赠而来的钱，不等于收受贿赂，被齐王用金钱收买吗？真正的"君子不可以货取"（《公孙丑下》）。孟子在这里教导弟子，接受别人馈赠的钱财礼物要合乎道义，只要合乎道义，即使少也应该接受；如果不合道义，即使多也断然拒绝。孟子曾坦言说："富贵，人之所欲也。"（《万章上》）但不以其道得之，则不受。君子爱财，取之有道。

四、返邹赴鲁　不遇鲁平公

公元前323年~公元前322年

身心疲惫的孟子回到了祖国——邹国。时间约在公元前323年。

滕定公的丧礼

孟子此次返邹期间，滕国君主滕定公去世了，新即位的滕文公就是曾经在宋国拜访过孟子的滕国世子。滕文公对办理父亲的丧事当遵循何种礼仪拿不定主意，想起曾经在宋国交谈过的孟子，觉得孟子或许在这方面对自己有所帮助，于是派师傅然友前往邹国专程向孟子请教。

孟子听了然友的来意，觉得滕文公可教。由衷赞叹："问得好啊！父母的丧事本来就是儿女应该尽心竭力去办的。曾子曾经说：'父母在世时，按照礼节去侍奉他们；父母去世时，按照礼节去祭祀他们。'虽然我没有学习诸侯的礼，因而不知详细的情况，但是我曾听说过三年之丧。三年之丧，守丧期为三年，孝子要穿粗布缉边的丧服，喝稀粥。从天子到老百姓，夏、商、周三代都是这样。"

然友回去复命，将孟子所说的三年之丧告诉了滕文公，滕文公决定实行三年之丧，不料却遭到滕国上下的反对，他们反对的理由是："不仅宗国鲁国没有实行过三年之丧，滕国历代国君也没有实行过三年之丧，现在实行三年之丧，违背祖制，万万不可。"面对这样强大的阻力，滕文公只好派然友再次前往邹国向孟子请教应对的办法。

孟子听后说："这件事确实不能由别人来决定。孔子说：'国君去世，太子将一切事务委托首相，自己喝稀粥，面色深黑，就临孝子之位哭，大小官吏没有敢不悲哀的，因为太子亲自带头的缘故。'所谓'上有所好者，下必有甚焉'；'君子之德风，小人之德草，草上之风必偃。'"上行而下效，在上位的人的爱好会影响到下面人的爱好，君子之德像风，小人之德像草，风行草上，草必偃伏。所以是否行三年之丧，取决于世子自己的决心、信心以及做得如何。

孟子的教诲让滕文公认识到事情的关键在于自己，因此他决定按照儒家的丧礼行事，居于丧庐整整五个月没有发布任何命令和禁令，朝中官员和族中亲属都很满意，认为文公懂礼；四方来观礼的人，看到文公哀伤的容颜、悲痛的哭泣，都点头称是，也认为文公确实懂礼。

三年守丧是中国古人遵循的丧礼，但从滕国人对三年之丧的反对来看，当时人们对三年守丧还不像后世那样严格遵循，孟子却如此坚持，显然与孔子的影响有很大关系，因为孔子坚决主张守丧三年，并且因此还批评了主张缩短守丧时间的宰我。孔子认为，守丧三年是回报父母养育之恩的重要方式，后来儒家继承了孔子这一观点，孟子就是代表之一。

通过滕定公丧礼这件事，孟子和滕文公彼此也有了进一步了解，彼此的印象也更加深刻。

不遇鲁平公

在此之后不久发生的一件事，促使孟子又走上了新的出游之路。这件事就是鲁平公任用乐正子治理国政。

孟子听到鲁国要用乐正子治理国政的消息，非常激动，高兴得夜不能寐。弟子们从未见过老师如此兴奋，非常好奇。公孙丑拐弯抹角地问孟子："老师为乐正子能治理国政如此激动，是因为乐正子坚强、有智谋呢？还是因为乐正子见多识广？"

孟子的回答是："我高兴的原因既不在于乐正子是否坚强、有智谋，也不在于他是否见多识广，因为这些是可以培养的，关键在于乐正子好善，追求善道。因为治政好善，能够虚心听取善言善策，天下的善士就会千里来归，告以善道；相反，治政不好善，一副自以为是的样子，就会拒人于千里之外，天下的善士也会因此止步于千里之外，那么身边就只剩下阿谀逢迎之人了，整天与阿谀逢迎之人打交道，如何能把国家治理好？所以只有好善，才是治国的上佳之选，好善可以治理天下，更不用说一个小小的鲁国了。"

孟子在这里向公孙丑阐明了儒家一贯坚持的用人观。儒家认为，理想的用人状况是德才兼备，如果二者不能兼顾，那么以德为先，才为其次，这与法家唯才是举的用人观有明显的差别，儒家这种用人重德的观念对中国社会一直有很深远的影响。

齐人浩生不害也曾问过孟子对乐正子的评价。孟子给出的答案是："善人也，信人也。"显然孟子对乐正子充满了信心。有乐正子治理国政的鲁国也就成了他新的希望所在，他开始打点行装，前往鲁国。

鲁国是周公的封地，孔子的祖国，虽然也历经战乱，但一直保持着浓厚的礼乐文化，儒家文化的气息洋溢在大街小巷，几乎随处可以触摸得到。孟子早年也曾游学鲁国，深受其影响。

孟子来到鲁国，乐正子执弟子之礼，经常前来看望孟子，聆听孟子的教诲，并积极向当时的鲁国君主鲁平公推荐自己的老师。由于乐正子的积极推荐，鲁平公打算亲自前去拜见孟子，然而临行前，嬖人臧仓的一席话让鲁平公取消了去见孟子的计划。

乐正子听说后，觉得很奇怪，他立即到鲁平公那儿问明缘由。原来嬖人臧仓告诉鲁平公："孟子算不上一个真正的贤者，因为孟子重母而薄父，他母亲的丧事的规格比他父亲丧事的规格高，说明孟子不懂基本的礼仪，如此一个连基本礼仪都不懂的人，算不得真贤，犯不着去见他。"

乐正子听后，觉得既可气又可笑，因为他知道孟子父亲去世时，由于孟子的身份是士，所以丧事用士礼，祭父用三鼎；母亲去世时，孟子因为已升为大夫，所以丧事用大夫之礼，祭母用五鼎。孟子办理父母的丧事恰恰是在严格遵循礼制的规定，怎么能说孟子违礼？所以他马上反问鲁平公："您所说的孟子违礼，是指孟子办理父亲的丧事用了士礼，办理母亲的丧事用了大夫之礼？还是指祭父用三鼎，祭母用五鼎？"鲁平公也意识到自己未加深思，就轻信了臧仓之言，尽管如此，他也不想承认自己有错，又找了一个理由，说："孟子为母亲置办的棺椁衣衾远远比父亲的要精美。”这个理由更说不过去，乐正子立即分辩说：“这只是前后贫富不同，谈不上厚母而薄父。”

不管怎么说，鲁平公取消了去见孟子的计划，已成定局。乐正子只好来见孟子，告诉孟子事情的经过。孟子知道后，达观地说：“行，或使之；止，或尼之。行止，非人所能也。臧氏之子焉能使予不遇哉？”（《梁惠王下》）意思是说：鲁平公要来，是有某种力量在起作用；他不来，也是有某种力量在起作用；来与不来，不是光凭人力所能决定的，我不能与鲁平公相见，出于天意。姓臧的小子又怎么能让我不与鲁平公相遇呢？

孟子的回答耐人寻味。孟子认为，从整个事件的过程来看，似乎鲁平公要见孟子，是因为乐正子的推荐而促成，而鲁平公不来见孟子，则是因为臧仓的离间所致，表面看好像都是人在起作用，其实其中有些不是人力所能左右的，冥冥之中似有天意。孟子更深层的意思是：事情关键不在于臧仓的离间和阻挠，而在于鲁平公自己没有主见，轻信谗言，不能明辨是非。

经过这次会见风波后，孟子对鲁国君主的为人有了清楚的认识，而这次的挫折，显然是对孟子的又一次考验，然而他并没有被打倒，反倒更加坚韧和达观。孟子认识到自己的学说不被这个社会所接受，并不是自己的学说有问题，而是由于这个社会痼疾太深，这个社会对自己的学说反之愈烈，恰恰说明自己的学说击中了这个社会病症的要害，也就愈映衬出自己学说的至高至大，因此自己必须坚持，绝不能放弃。

批判慎子

孟子居鲁期间，鲁国的政坛有了新的人事变动，鲁国任用慎子为将军。慎子，也就是慎滑釐，以善用兵闻名当时。

孟子反对兼并战争，更反对为了土地而穷兵黩武，当孟子知道鲁国任用了善用兵的慎子为将军后，当面就对慎子说：

“不对百姓进行军事培训就让他们去打仗，就是残害百姓。残害百姓的人，在尧舜时代是没有容身之地的，即使一次战斗就把齐国打赢了，也得到了南阳这个军事要塞，这仍然不行……”孟子的话还没有说完，慎子就勃然大怒，说：“你说什么呢？我不明白！”

看着勃然大怒的慎子，孟子毫不畏惧，反而以老师教育学生的口吻，不紧不慢地说：“我明白告诉你，根据周朝的分封制度，天子、诸侯的土地都是一定的，周公被封在鲁国，太公被封在齐国。然而鲁国现在拥有的土地远远超过了周公被封时周天子所给予土地的五倍，而这些多出的土地都是周公的子孙先后从宋、项、邾、莒等国抢夺来的，根本不符合祖制。如果有圣明君主出现，你认为鲁国的土地是在减少之列，还是在增加之列呢？即便是不用兵力，就能把一个国家的土地取来给予另一国家，仁者都不会干，何况现在是要驱赶百姓上战场靠厮杀来夺取土地呢？真正的君子服事君王，应该一心一意引导他走正路，志于仁道，以仁爱治国。”

孟子讲完之后，看慎子没有任何表示，接着告诉慎子什么叫作真正的良臣，良臣与民贼的区别在哪里。他说：“现在那些臣子都以为能为君主开疆拓土，充实君主的府库，让君主府库的财富堆积如山的人就是良臣，其实这大错特错，因为这样的臣子就是古代所说的民贼，是残害百姓之人。君主如果无德、无意于仁，臣子却帮助他扩大土地、增加财富，这与帮助无道之君夏桀富裕起来没有什么不同；君主如果无德、无意于义，臣子却说：“我能为君主邀结盟国，每战必胜，并努力为他作战。”这与辅佐无道之君夏桀没有什么不同。如果一意孤行，不改变今天的风俗习气，即使把整个天下交给他，他也是一天都坐不稳的。”孟子最后几句话等于向慎子预示了鲁国将来的结局。

鲁国起用善用兵的慎子，让孟子意识到这其实是鲁国向外界发出的一个信号，那就是在列国争霸的大格局下，鲁国不仅有争霸的实力，也有争霸的雄心，以霸道治国就是鲁国的治政理念，那么在君臣上下一心争霸的鲁国，要实行仁政无疑就是空中楼阁。

与鲁平公的不遇，以及与慎子不愉快的谈话，一种失望的情绪在孟子心中蔓延开来，即便有自己的学生乐正子在鲁国治理国政，然而一个乐正子又怎么能左右整个鲁国的局势呢？

在这样的情境下，前几次滕国世子派人专程向孟子请教的诚意就显得尤为可贵，孟子不由自主作出了前往滕国的决定。

五、喜游滕国　畅谈仁政

公元前 321 年～公元前 320 年

对于滕国新君滕文公来说，在宋国与孟子的谈话仍记忆犹新，言犹在耳，孟子关于丧礼的教诲也让他刻骨铭心，所以孟子的到来无疑让他喜出望外，他安排孟子住在了滕国最好的楼馆——上宫。

孟子在上宫安顿下来，却发生了一段小插曲。馆人有一双没有织完的草鞋放在窗台上，找不到了。有人便委婉地问孟子：“是不是跟您一起来的学生把它藏起来了？”孟子听出问者话中有话，觉得可笑，于是反问道：“你以为他们大老远来到滕国就是为了偷一双草鞋吗？”那人说：“那大概不是。不过，你老人家开课讲学，对于学生的态度是：离去的不追问，来的也不拒绝。”言下之意，你招收学生没有一定标准，因此学生难免良莠不齐，难保没有害群之马。

显然这是一段不愉快的小插曲，不过并没有破坏孟子的情绪。看到滕国上下对自己的热诚，孟子认为自己的理想或许有机会可以实现了，于是滔滔不绝地向滕国君臣宣扬他的治世理念、仁政主张。

井田制度

当滕文公向孟子询问如何治国的时候，孟子向他谈了四个问题。

其一，在思想意识上要把百姓的事情放在首位，百姓的事情刻不容缓；其二，要解决好百姓的产业问题，因为老百姓有一个普遍现象，“有恒产者有恒心，无恒产者无恒心”（《滕文公上》），所以应给予他们一份固定的产业；其三，要解决好税收问题，孟子主张“取于民有制”，不能横征暴敛；其四，在解决了百姓的田产和税收问题、百姓的生活有了基本的保障之后，还应该认真办些学校，这些学校就是夏、商、周以来就有的庠、序、学、校，让百姓接受道德人伦的教育。庠、序、学、校是古代贵族子弟上学的地方，孟子却主张让百姓也走进来接受教育，虽然他教育的内容是道德人伦，达到的目的是“人伦明于上，小民亲于下”（《滕文公上》），但是仅凭他主张为百姓办学这一点而言，说明孟子是认为百姓有接受教育的权利的，说明孟子没有法家式的愚民思想，这明确地显示出了孟子的亲民情结。

孟子的这些治政观点显然切合实际，因为一个社会的安定，首先取决于百姓的安定，而百姓安定的前提是使他们的生活有保障，而且让百姓明白是非黑白，有较高的道德素质。因此滕文公听完之后，被孟子的思想所打动，准备在滕国推行仁政。然而，孟子对仁政中的一些细节问题语焉不详，比如井田制度，就让滕文公丈二和尚摸不着头脑，因此他派大臣毕战前来向孟子询问井田制度。

孟子见到毕战，相信滕文公确实有实行仁政的决心，因此热情地鼓励毕战说：“你的国君将要实行仁政，专门挑选你来问我，你一定要努力呀！”然后向毕战详细介绍了他所知道的井田制度。

他告诉毕战：要实行仁政，必须要解决好百姓的土地问题，必须给予百姓恒产，同时要注意保护百姓的田产不受侵害。若要保护百姓的田产不受侵害，就必须从划分和清理田界开始。如果田界划分不清楚，田地大小不同，作为官员俸禄的田租就会不公平；只有田界划分清楚了，田地大小一致，那么作为官员俸禄的田租就不会有偏差。正因为田界有如此重要的作用，所以暴君贪官总是想方设法破坏田界，从中谋利。滕国虽然是一个小国家，但是也有官员和百姓。没有官员，就无人管理百姓，国家无法正常运转；没有百姓，也就无人养活官员。怎样才能在保障国家官员生活的前提下，也能让百姓可以维持自己的生活呢？孟子的建议是：在郊野实行九分抽一的助法，在城市实行十分抽一的贡法。在郊野实行九分抽一的助法，具体办法是：把每一里见方的土地作为一个井田，共九百亩，划分为九块。中间一块为公田，周围八块分给农民作为私田，中间的公田由八家农民共同无偿耕种，公田的收入作为八家农民上交的田税用以养活官员，八块私田的收入收归各家，作为各自的生活之需。孟子说完之后，又补充了一句："这只是井田制的大概情况，至于怎样做更完善、更合理，那就要靠你的国君和你再仔细考虑。"

孟子推崇的井田制度在中国上古曾经实行过，但是其实际的情形人们却难知其详，孟子这一段对井田制度的介绍往往成为后代研究井田制的重要文字材料，然而其真实性却令人怀疑，其实孟子自己也觉得他所说的这一套制度并不十分完善，所以他希望毕战和他的国君在具体实施中再根据实际情况加以调整。

虽然孟子主张推行井田是为了公正和公平，但是井田制在孟子时代已经退出了历史舞台，孟子却把它请出来作为仁政的重要内容，希望再兴井田，这就违背了历史发展的潮流。

教育陈相　批判许行

(1) *劳心与劳力之争*

滕文公果真在滕国开始推行仁政。滕国的这一举动在当时引起很大反响，不少人闻讯而至，许行和陈相、陈辛兄弟就是其中的代表。许行率领他的几十个门徒从楚国来到滕国，登门求见滕文公说："我在远方听说您推行仁政，所以来到这里，希望您能给我一块地方让我安身，使我能够有幸成为您的臣民。"陈相、陈辛兄弟则是背着耒耜从宋国来到滕国的，他们激动地对滕文公说："听说您实行圣人的政治，那您也就是圣人了，我们愿意做圣人的百姓。"

许行是农家学说的信奉者，依照农家学派的主张，"贤者与民并耕而食"，所以他和他的弟子们来到滕国，并没有像其他的游士那样依靠诸侯、卿大夫的赏赐和接济为生，而是身穿粗布衣服，靠编草鞋、织麻席，自力更生，维持生计。许行师徒的行为深深触动了陈相。陈相本是儒家信徒，信奉孔子"学而优则仕"的原则，可是见到许行师徒事事亲力亲为，靠自己的双手养活自己，纤芥不取于他人，他简直佩服得五体投地，而对儒家学说的信仰则瞬间坍塌，转而拜许行为师。

陈相拜在许行门下之后不久，来见孟子。言谈之中，他向孟子转述了许行对滕国君主的看法。许行认为不仅贤者要与民并耕而食，君也应与民并耕而食，因此与其他苛刻虐民的君主相比，滕国君主当然称得上是个贤君，但是算不上闻道之君，因为闻道的贤君应该同百姓一起耕种，既要治理国事，也要自己做饭，不能依靠别人的供养。如今滕国有储存粮食的仓库、贮存财物的府库，这就是靠损害百姓来养活自己，当然算不得真正的贤君。

许行主张君与民并耕而食、自食其力的观点，反映了当时广大百姓要求平等的心声，有其进步意义，然而其缺点在于否定了君主与百姓之间存在着不同的社会分工，实际也就否定了社会分工的必要性、必然性及其合理性。

孟子很清楚地看到了许行思想的内在缺陷，然而眼见陈相对许行学说已经崇拜到了痴迷的程度，断然棒喝，显然不可能让陈相清醒，所以孟子采用抽丝剥茧的方法一步一步引导陈相自己认识许行观点的错误所在。由此，他与陈相之间展开了一段针对许行的非常精彩而经典的对话。

孟子问：许先生一定自己种庄稼才吃饭吗？

陈相回答说：是的。

孟子问：许先生一定自己织布才穿衣吗？

陈相答道：不，许先生只穿粗麻织成的衣服。

孟子问：许先生戴帽子吗？

陈相答道：戴。

孟子问：戴什么帽子？

陈相答道：戴白丝绸帽子。

孟子问：是许先生自己织的吗？

陈相答道：不是。是用粟米换来的。

孟子问：许先生为什么不自己织呢？

陈相答道：因为会耽误地里的庄稼活。

孟子问：许先生用锅做饭、用铁器耕地吗？

陈相答道：是的。

孟子问：许先生做饭的锅、耕地的铁器是自己制作的吗？

陈相答道：不是。是用粟米换来的。

上面的对话就仿佛今天戏剧中的精彩对白。孟子就是想在这样的反复问答中，让沉醉在狂热中的陈相明白，虽然许行主张“贤者与民并耕而食”，但是许行也只是做到了自耕而食，可是，他所穿的衣服、戴的帽子、做饭的锅、耕地的铁器却并不是出自他的双手，而是向织匠、陶工、铁匠等人换来的。由此可见，许行在生活中也是通过与不同行业进行产品交换，来获取生活必需品的，只有这样，他的生活才能正常进行。

孟子进而追问陈相：农夫用粮食换取炊具、农具不能算是损害陶工、铁匠，陶工、铁匠用自己的产品向农民换取粮食怎么能算是损害农民呢？主张“并耕而食”的许先生为什么自己不当织衣工、陶工、铁匠，反而却要不厌其烦地换取他们的产品呢？许行这样做能不能算真正的贤者？

孟子这一问，显然把陈相逼到墙角：如果承认许行向织衣工、陶工、铁匠换取产品是正确的，那就得承认生活当中存在的行业之间的劳动产品的交换是合理的，也就得承认生活当中不可能件件做到自用自产，各种行业之间必须互相依赖；如果认为许行自己不当织衣工、陶工、铁匠，而不厌其烦地换取织衣工、陶工、铁匠的产品是错误的，那许行就不是一个真正的贤者，陈相尊奉许行、拜许行为师也就是错投师门了。听到孟子这样的追问，陈相不由自主地说："百工之事固不可耕且为也。"意思是：各种工匠本来就不能一边种地，一边做自己的本行工作。孟子等的就是陈相这样的回答。

如果前面与陈相的交谈，孟子还是循循善诱式地引导陈相自己认识许行的错误的话，那么紧接着，孟子就以他那滔滔雄辩之才对许行展开了猛烈的炮轰。他指出："百工之事固不可耕且为也。"各种工匠都不能一边种地，一边做自己的本行工作，难道治理政事者就能够一边种地，一边处理政治事务吗？一个人的精力是有限的，而一个人一生所需要的东西是多种多样的，如果件件东西都要自己制造才能去用，那么天下人都会陷于疲于奔命的状态之中，所以必须要有行业的分工，各行业之间只有互相合作，社会才能正常有序地向前发展。

而在社会中，也必然"有大人之事，有小人之事"，既有官吏要做的事，也有百姓要做的事。"或劳心，或劳力。劳心者治人，劳力者治于人；治于人者食人，治人者食于人。"意思是说：有的人从事脑力劳动，有的人从事体力劳动；脑力劳动者治人，体力劳动者被人治；被人治者养活别人，治人者靠人养活。

孟子认为脑力劳动者与体力劳动者其实是一种分工合作的关系，治人者与被治者之间实际也是一种分工合作的关系。从事脑力劳动的治人者用他们对社会的治理，为被治者提供一个安定有序的社会环境，制定符合大多数人利益的政策法令，保障被治者的生活权益，这就是他们的劳动产品，他们用这样的劳动产品向被治者换取对自己的供养；而被治者则是用自己对治人者的供养去向治人者换取安定有序的社会环境、生活权益的保障，所以治人者与被治者在当时的这种分工合作是必然的，也是合理的，由此孟子说："此天下之通义也。"（《滕文公上》）即这是天下通行的法则。

孟子进而指出不仅他所处的时代如此，就是先古圣人时代也不例外。尧、舜、禹是古代先圣，人人敬仰，可是他们也没有做到与民并耕而食，因为他们忙于国家政务，根本无暇耕种。尧、舜、禹时代是中国的大洪水时代。当时洪水泛滥，荒草丛生，田野荒芜，野兽成群出没，百姓没有安身之所。在这样的情形之下，尧最急于要解决的是在天下寻找能够治理洪水、解救危难的人才，舜就是尧千挑万选出来的。舜临危受命，但独木难支，他又挑选出益和禹两位难得之才辅助自己。让益掌管火政，放火焚烧山野沼泽地带的草木，赶走了野兽；派禹负责疏通九河，引流入海。正是经过了舜、益、禹的治理，当时中原地区的百姓才有了安定的生产、生活环境，能够种上庄稼，有饭可吃；盖上房屋，有室可居。而禹在治理洪水的时候，三过其门而不入，他连自己的妻子儿女都无暇看望，他如何又能有时间去种地呢？

还有周朝始祖后稷，虽然他亲自教民耕种收割，栽培谷物，解决了百姓的温饱问题，但是除此之外，还有更重要的问题需要他解决，那就是："人之有道也，饱食暖衣逸居而无教，则近于禽兽。"人有一个普遍规律，如果吃饱了，穿暖了，住得舒适了，而不进行教化，那实际与禽兽也没有多少差别。因此，他又让契做司徒，主管教育，教育人们要懂得基本的道德原则，即"父子有亲，君臣有义，夫妇有别，长幼有序，朋友有信"。也就是父子相处要讲骨肉亲情，君臣相处要讲礼义之道，夫妇相处要讲内外有别，朋友相处要讲诚信之德。这些是维护社会群体和谐的基本原则。

尧、舜、禹以及后稷等先古圣王、圣君，他们要从天下的大局出发，为全天下人谋福利，他们的忧虑在于天下如何治理，而天下治理的关键在于人才，所以他们一心一意为治理天下寻找出色的人才，日夜为此而焦虑、担忧，有何心思去种地？何来闲暇去种地？实际上如何种好一百亩的农田，那是一个农夫应该考虑的事情，而不是一个君王应该挂怀的琐事。虽然尧、舜并没有与民并耕而食，但是因为他们为天下百姓物色到杰出的人才，给了百姓一个安定清平的世界，故此孔子盛赞尧、舜："尧作为君主真是伟大啊！只有天最伟大，只有尧能够效法天，对尧的广大无边的圣德，百姓们简直找不到适当的词来形容它！舜也不愧为一个真正的君主，他拥有天下却不占有它，真是崇高伟大！"没有与民并耕而食的尧、舜，孔子用如此华丽的语言表达了对他们由衷的、无与伦比的推崇与敬佩，可见不能把与民并耕而食作为衡量君主贤德的唯一的标尺。君王有君王之事，百姓有百姓之事，君王、百姓各尽其职，社会才能正常有序地向前发展。

（2）迁乔入幽

孟子认为自己这番痛快淋漓、丝丝入扣、有理有据的分析和批驳足以让许行的错误思想无处遁形、难以立足，然而他意犹未尽，因为他对陈相兄弟背叛老师、抛弃儒学的行为感到惋惜和痛心，所以又掉转批判的锋芒，指向陈相兄弟。他批评陈相背师弃儒、改拜许行为师的行为有三大错误。

孟子首先指出陈相兄弟的第一大错误是无知。他说：我听说过"用夏变夷"的，没有听说过"用夷变夏"的。所谓"用夏变夷"就是用中原先进文化改变边远落后民族，"用夷变夏"就是受边远落后民族文化的影响而丢弃中原先进文化。陈相兄弟原来的老师陈良就是"用夏变夷"的典范。陈良本是楚国人，因为喜欢周公和孔子的学说，所以从楚国来到北方，向中原人士学习儒家学说。由于学习热情很高，因此学习格外用心，深得儒学之道，陈良的儒学修养把北方学者远远甩在了身后，北方的学者竟无一人能及。在孟子看来，陈良是一位深得儒家学说精髓的杰出学者，陈相兄弟能在陈良门下学习是他们的荣幸，可是陈相兄弟却背叛陈良，改拜许行，可谓无知。

孟子指出陈相兄弟的第二大错误是无情、无礼。孟子认为，学生对自己的老师应当心存尊敬，珍视老师的教诲之恩，师生之间的情谊不应该在转瞬间就遗忘殆尽。孟子将孔子弟子与陈相兄弟作了比较。孔子去世后，他的弟子全部为孔子守丧三年，三年之后，才依依不舍地离去，其中子贡尤其值得称赞，他在挥泪送别同学之后，又独自回到孔子墓地，筑屋守墓三年才离去。孔子弟子们为孔子守丧三年，既出于情，也合乎礼；子贡独自又为孔子守丧三年，则更多的是情。陈相兄弟曾在陈良门下学习几十年，几十年的日日夜夜、风风雨雨，师生的情谊不可谓不深，然而陈良一死，兄弟二人就立即背叛老师，与孔子的学生相比实属无情又无礼。

孟子认为陈相兄弟的第三大错误是无道。孟子认为向其他人学习原本无可厚非，但是一定要向有道之人学习。孟子认为，曾子在这一点就做得很好。孔子死后，弟子们感到空落落的，觉得无所依靠，于是以子夏、子张、子游为代表的一些弟子就把师兄弟当中长得有点像孔子的有若推举出来，准备像侍奉孔子一样侍奉他，以寄托对孔子的思念之情。孔子众弟子的这一做法遭到了曾子的坚决反对，曾子说，“就如同用汉江水洗过之后，又在盛夏的太阳底下曝晒过一样，孔子的纯净洁白是无法达到的。”也就是说，在当时的社会中，还没有能够赶上和超过孔子的人，任何人都不能替代老师孔子，长得像孔子，并不代表学问和思想就达到了孔子的水平。曾子不同意把有若当作孔子一样来侍奉，除了因为对孔子本人的特殊感情因素外，还要以思想学识来衡量，有若实在与孔子相差甚远，难望其项背。但不管怎样，有若也算是孔门中人，即便是师事有若，也还谈不上欺师灭祖、背离正道，就是这样，曾子都不答应，何况去拜外道之人呢？

而许行是何许人物？孟子非常轻蔑地说，许行不过是来自落后地区的一个说话像鸟叫的南方蛮子，见识极其浅薄，居然还不知天高地厚地攻击儒家学说。陈相兄弟背叛老师，抛弃儒家学说，拜许行为师，就是抛弃先进文化，向落后文化学习，就是弃明投暗。鸟儿都知道从幽暗的山谷飞迁到高大的树木上去，何况是人呢？陈相兄弟向许行学习，就是从高大的树木飞迁到幽暗的山谷，他们的行为连鸟儿都不如。

（3）市价不贰

虽然许行的“君民并耕之说”被孟子批驳，而且陈相兄弟也被孟子斥为连鸟儿都不如，但是陈相崇拜许行的热情并没有因此而减退，他用许行的另一个观点来为许行辩护。这个观点就是“市价不贰”。

所谓“市价不贰”，就是市场上商品的价格要一致。陈相认为按照许行的这一观点，市场上的布匹、丝绸只要长短相同，价格就相同；麻线和丝絮只要重量一样，价格就一样；各种谷物只要数量相同，价格就相同；鞋子只要大小一样，价格就一样。按照许行的商品价格观，同一种商品，只要它的长短、轻重、多少、大小相同，也就是数量相同，其价格就相同。这样，市场上物价一致，没有人弄虚作假，那么即便是五尺孩童去购买东西，也不会有人欺骗他。

许行的“市价不贰”的主张，是一种绝对平均主义的商品价格理论，反映了人们对一些人利用商品的量和价格本身存在的矛盾，在商品交换过程中投机取巧、损人利己、牟取暴利的卑劣行为的憎恶。许行希望商品交换能够公正、公平，因而想通过“市价不贰”来扼制和杜绝这种恶行。但是许行只看到了商品的量，却忽视了商品的质。而商品的质是影响和左右商品交换中的一个非常重要的因素。

孟子注意到了这一点，因此毫不客气地批驳了许行的“市价不贰”的主张。他指出：同一种商品，质量有精粗优劣的差别是常见的事情，相应的其价格也就自然有差别，所以有的价格相差一倍、五倍，有的价格相差十倍、百倍，有的价格相差千倍、万倍。如果只根据商品的数量而不管质量的差异，强行将其价格整齐划一，只会给天下带来混乱。假如质量精美的鞋和质量粗劣的鞋价格一样，谁还愿意去做质量精美的鞋？其他行业也是如此的话，那么人们必然只乐于制作质量低劣的商品，如果整个社会都是这样，那么国家如何能够治理？所以孟子最后说：如果听从许行的主张，那就是引导天下人都去弄虚作假。

《孟子》全书，字数在1000字以上的长篇章节并不多，孟子教育陈相、批判许行这一章就是为数不多的长篇章节之一，共有1404字。孟子师徒在这一节不惜笔墨，将孟子对许行的批判和对陈相的斥责完整详细地记录下来，足见这一事件在他们心目中的地位。

从人类文明发展的历程来审视这场论争，我们应该肯定许行提出的“君民并耕而食”“市价不贰”的观点有其合理的一面。针对当时底层人民与上层社会的尖锐矛盾，以及广大底层人民对平等的渴望，许行提出“君民并耕而食”，以此来解决社会的不平等、不公平，无疑是有其积极性的。然而他提出的这一方案也有非常明显的问题，因为许行只承认了农业与手工业之间需要分工，却不同意国家管理者脱离直接生产，反对脑力劳动与体力劳动分工，这种主张看似在维护平等，其实却违背了人类历史的发展规律，是一种反文明的思想。因为从人类社会发展的历史来看，社会分工是人类社会发展的必然趋势，是社会生产力发展的必然结果。

人类的第一次分工是农业与畜牧业的分工，以后又出现了农业与手工业、脑力劳动与体力劳动的分工，每一次分工都是社会生产力发展和文明进步的表现。孟子批判了许行的这一观点，明确了“劳心者”与“劳力者”各自的职责，肯定了“劳心”与“劳力”分工的必要性。事实上，这种分工在孟子之后几千年的社会历史进程中依然存在。孟子先于其他人明确地提出这一点，代表了一种社会进步思想，这是他对人类认识的一个伟大贡献，当然也应看到孟子的“劳心”“劳力”说在肯定“劳心”“劳力”分工的必然性和必要性的同时，也承认了“劳心”与“劳力”对立的必然性，由此这个观点被后世统治者所利用，作为他们统治人民的理论工具。

许行提出“市价不贰”的价格主张，认为商品的量同则价同，等量则等价，合理的一面是可以杜绝商品交换过程中利用商品数量的差异投机取巧、牟取暴利的行为，从而谋求商品交换中的公正和公平，然而他只看到了商品在量上的差异，却忽视了商品交换过程中质的重要性。孟子恰恰在这一点上比许行高明，他认为商品如果在质量方面有差异，那么相应其价格也必须有差别。由商品的质量决定商品的价格，这是社会经济的自然法则，说明孟子已在一定程度上认识到了社会经济的客观规律。

孟子对许行的批驳，不仅捍卫了儒家思想，而且进一步深化了儒家的经济思想。

痛驳夷之

孟子在滕国期间，与墨家信徒夷之还有一场辩论。

孟子是滕国的座上宾，前去拜访孟子的人很多。墨家信徒夷之也想去拜见孟子，与孟子当面讨论。夷之通过孟子弟子徐辟的关系求见孟子。

墨家学派在当时社会的势力和影响很大，甚至已盖过儒家学派，成为当时显学。孟子认为只有孔子的儒学才是天下正道，墨学是异端，会把人引向歧途，所以他对墨家学说一直很反感，对墨家学说的批判总是不遗余力。因此当听说墨家信徒夷之来求见，他根本不愿接见。但是如果直接拒绝，会伤人自尊，也有损儒家名声。因此他派人委婉地对夷之说：“我本来愿意见，但现在病了，等病好了，我去见你。”夷之听后就没有去。

夷之并不知道孟子不愿意见他，所以过了一段时间又来求见。孟子看到此人如此锲而不舍，说：我现在可以和他见面，但是有些话还是先直说为好。夷之是墨家信徒，墨家主张薄葬，夷之也认为应当推行薄葬，改变天下的厚葬礼俗。可是夷之在父母去世时却厚葬了他的父母，这不是用自己所鄙夷的东西来侍奉自己的父母吗？

孟子虽然说自己要实话实说，其实在他表面的大实话下隐含着两层意思：其一，夷之厚葬父母，可见墨家信徒在父母离世的时候也很难做到薄葬，说明墨家的薄葬论不得人心；其二，墨者主张薄葬，夷之却厚葬父母，可见墨家集团是说一套、做一套，表里不一。

徐辟把孟子的这番所谓实话告诉了夷之。

也许是夷之无法对自己厚葬父母的做法自圆其说，因此他避开了孟子对他的质疑，而是谈起了墨家最为得意的主张：兼爱、爱无差等，希望以此扳回墨家的脸面。

儒家主张仁者爱人，但是从当时宗法亲情出发，也从人之常情出发，儒家主张爱人有亲疏远近之别，有厚薄轻重之分；爱人先由亲人开始，由亲及疏，由近及远，“老吾老以及人之老，幼吾幼以及人之幼”，爱亲人重于爱社会上其他人；而墨子则主张“兼爱”，爱人要一视同仁，无亲疏远近之别，无厚薄轻重之分，也就是爱无差等。

夷之推崇爱无差等，为了证明墨家爱无差等的正确性、儒家爱有差等的谬误，他玩起了以子之矛攻子之盾的游戏，引用儒家推崇的经典《尚书》中的观点来批评儒家的爱有差等。夷之说：“《尚书》有言：‘古之人若保赤子’，那么按照这一说法，早期儒家认为君王保护百姓应像爱护自己的孩子一样，由此看来，早期儒家也是主张爱人不分亲疏厚薄，只不过是爱的实施是从自己父母开始罢了。”夷之的意思是说，后来的儒家主张爱有差等其实违背了早期儒家精神。

善辩的孟子岂能让夷之的小伎俩绕进去，他立即用生活事实、人间实情反驳夷之：夷之当真认为人们对他侄儿的爱与对邻居之子的爱是一样的吗？从现实来看，一般而言，人们对侄儿的爱与对邻居之子的爱不可能一样的。那么《尚书》为什么说“古之人若保赤子”呢？其实，《尚书》中这句话是比喻之语，意思是：当老百姓因为无知而犯法时，君主应像对待由于无知而爬往井边的婴儿一样对待这些百姓。婴儿爬往井里，就是爬向死亡，但是由于婴儿无知，没有判断能力，因此不能指责婴儿；百姓犯法，为国法不容，但是如果因为无知而犯法，就应该像对待爬往井边的婴儿一样加以保护和宽恕。《尚书》的“古之人若保赤子”并无爱无差等之意，夷之的理解不符合《尚书》原意。天生万物，万物都有自己的根源，一物只有一个根源，不可能有两个根源，每个人的根源就是父母，因此“爱”由父母始，并且爱父母自然也必然重于对他人的爱，所以爱必然是有差等的。

孟子在证明了儒家爱有差等的天然合理性后，又回到了夷之回避的厚葬问题。正因为对父母的爱来自先天，所以对父母丧事的处理也就格外慎重。古时也有人在父母死后，不埋葬父母，就把父母的尸体弃在山沟。过了一段时间经过那里，看见狐狸、苍蝇、蚊子在啃吃、叮咬父母的尸骸，那人的汗不由自主地从额角冒出来，不敢直视，内心的愧疚油然而生。他赶紧回家取来工具掩埋了父母的尸骨。所以，儒家主张葬埋父母，以及厚葬父母，完全出于人心、人情，并不是出于个人的虚荣。

徐辟把孟子的话告诉了夷之。夷之茫然若有所失，过了片刻，说：“孟子教育了我。”也许孟子的话确实有说服力，夷之无法辩驳，所以他再也没有要求面见孟子，与孟子当面讨论。

坚守与放弃

由于滕文公的热情，孟子在滕国停留了很长一段时间，然而滕国的困境也让孟子感同身受。

滕国是周文王儿子叔绣的封国，是一个十分弱小的国家，一度被越国吞并，后又复国。不幸的是，弱小的滕国的邻居却是当时两个强大的国家，东北面是富庶强大的齐国，南面是同样强悍又咄咄逼人的楚国。滕国等于是在两大强国的夹缝中求生存，哪一方都得罪不起，哪一方都要小心侍奉，而且不知哪一天就会被他们中的一方收为囊中之物，国破家亡。这是一个非常严酷的现实，像山一样压在滕文公的心上，让他喘不过气来。与孟子相见后，他曾三次问过孟子与此相关的问题，可见他心中的不安和焦虑。

滕文公曾直截了当地问孟子："滕国是个小国家，处在齐国和楚国两大强国之间。是事奉齐国好呢？还是事奉楚国好？"事奉齐国，楚国不高兴；事奉楚国，齐国不愿意。无论事奉哪一方，都不会有好结果，该当如何？

孟子主张仁政，宣扬以德王天下，反对武力争霸，然而滕国的现实困境也是迫在眉睫的问题，这确实把孟子难住了，然而坦白、真诚是孟子为人的原则，所以他如实说："这种问题不是我的能力所能解决的。如果一定要让我谈谈的话，我只有一个办法：就是把护城河挖深，把城墙加固，与老百姓一起守卫国家，百姓哪怕献出生命也不愿离开，那就有办法了。"面对强邻的威胁，弱小的滕国不能指望强邻大发慈悲，只能争取民心，加强战备，宁为玉碎，不为瓦全，誓与国家共存亡，在全民同仇敌忾中或许能找到国家生存的机会。

不久，又发生了一件令滕文公心惊胆战的事情，就是齐国在紧靠滕国的薛地修筑城池。齐国修筑城池的意图非常明显，就是为了对付滕国。知道这件事后，滕文公坦率地向孟子表明了心中的感受："吾甚恐，如之何则可？"向孟子寻求保国的办法。显然滕国的处境越来越不妙，孟子该如何回答呢？孟子搬出了周朝远祖太王应对异族侵略的办法。周太王时，他的族人经常受到狄人的侵犯和欺凌，面对强悍的狄人，周太王采取了回避的办法，他从原来的住地邠迁到了岐山，虽然太王在当时没有统一天下，但是由于他力行善政，他的子孙却一统天下，终于建立了庞大的周王朝。孟子以此向滕文公说明，齐强滕弱的局势一时之间不可能改变，虽然明知齐国在薛地修筑城池的意图，但是也无力阻挡，因此唯一的办法是自己努力为善，实行仁政，自强自立，尽力做好自己该做的事情，至于能否取得成功，那就要看天意了。显然这是一种无奈的说法，一向非常自信的孟子，此时也流露出了无法解决当时实际困境的无奈。

孟子把问题的最终决定权交给了天，身为一国之君的滕文公当然不能坐等不可知晓的天意的安排，他再一次追问孟子："弱小的滕国，已经竭尽全力事奉周围的大国，但还不能免于祸害，怎么办才好呢?"孟子这次向滕文公指出了两条道路。

孟子指出的第一条道路是：效法周太王，选择离开。前面孟子已为滕文公谈过周太王之事，这次孟子谈得更加详细：当周太王的族人遭到狄人侵犯的时候，太王也曾尽心竭力地事奉狄人：给狄人送去了他们喜欢的裘皮和丝绸，但是狄人没有停止侵扰；后来又给狄人送去了珍珠宝玉，狄人还是没有停止侵扰。于是太王召集族人，对族人说："狄人想要的是土地，土地不过是养人之物而已，有德之人不能为养人之物而使人遭受伤害，大家不必担心没有君主，我打算离开这里。"说完，太王就离开了邠地，翻过梁山，在岐山下定居下来。邠地的百姓看到太王为了族人而放弃自己的利益，很受感动，说："这是一位有仁德的人啊，我们不能失去他。"于是如潮水般纷纷追随太王来到岐山，与太王共创家业，奠定了周王朝的基础。

孟子指出的第二条道路是：死守。英勇奋战，生死与共。因为这是祖先传下来的土地，个人不能擅自处理。这条路实际孟子在前面已对滕文公说过。

孟子虽然为滕国指出了"离开"与"死守"两条路，让滕文公自己选择。其实孟子本人的倾向很清楚，如果敌国觊觎的是你的土地和人民，那么即使尽心竭力地事奉他们也不能打动他们，太王事奉狄人就是很好的例子，因此唯一的选择就如孟子第一次对滕文公所说：迫不得已，只有施行仁政，争取民心，与民共同捍卫自己的国土，哪怕献出生命也在所不惜。

由此我们看到，主张仁政、反对武力的孟子，当国家面临敌人侵略的时候，也同样主张以武力来捍卫自己的国土，认为放弃抗争是软弱，乞求和哀告更是懦夫行为。

六、远赴魏国　宣传王道

公元前320年～公元前319年

滕文公固然有心要实行孟子提出的仁政、王道主张，然而滕国的现实困境迫使他不可能真正施行仁政。孟子在滕国停留的时间并不短，他逐渐清楚地看到了这一点，看来这里也不是他的理想实现之地，他需要重新作出选择，是留还是走。恰巧此时传来魏国招揽人才的消息，孟子决定由滕国前往魏国。

王何必曰利

魏国当时的君主是魏惠王，由于当时魏国已迁都至大梁，所以在《孟子》中，魏惠王又称作梁惠王。

春秋末年，韩、赵、魏三家分晋，其中的魏就是后来的魏国。经过魏惠王祖父魏文侯和父亲魏武侯的努力，魏国逐渐强大起来，成为战国七雄之一。魏惠王即位之后，前期相当有作为，打败了韩、赵、卫三国；凭借魏国强大的军事实力，逼使鲁、宋、卫、郑等国前来朝拜；与秦国建立了短暂的和平外交。然而魏惠王中后期，形势越来越不妙。在东面，被齐国打败，几乎全军覆没，太子被擒，大将被杀；在西面，被秦国打败，被迫将河西之地割让给秦国；在南面又被楚国打败，也有不少土地被割去。魏国不仅被当时的强国齐国、楚国打得损兵折将，威风扫地，而且连实力原来远不如魏国的秦国也后来居上，迫于秦国的压力，还不得不把都城从安邑迁到大梁，昔日强大的魏国的魏惠王也成了梁惠王，国势从此一蹶不振。这时候的梁惠王进行了深刻反思，是什么导致了魏国开始走下坡路，与他的父祖辈相比，他认识到自己对人才的轻视以及没有识人之明是其中一个重要原因。

据《史记·商鞅列传》记载：历史上大名鼎鼎的商鞅就曾到过魏国，投奔在魏国辅相公叔痤门下，可惜公叔痤已病入膏肓，没有时间向魏王推荐商鞅。公叔痤临终时，魏惠王前来探视，并问公叔痤：如果你有万一，谁可以担当辅国重任？公叔痤立即推荐了商鞅，说商鞅有奇才，希望魏王重用商鞅。可是魏王显然对公叔痤的推荐不以为然，听后一言不发；魏王临走，公叔痤派身边的人告诉魏惠王：如果不愿意用商鞅，那么就把他杀了，千万不能让他到别的国家去。魏惠王听后礼节性地点点头就走了，显然还是不重视公叔痤的意见。魏惠王走后，公叔痤立即把商鞅叫进来，对他说："刚才我向魏王推荐了你，但是他似乎不愿意接受，所以我对他说：如果不用你，就把你杀掉，好像他听从了这个意见，所以你赶快逃命去吧！"商鞅听后说："您放心吧，魏王不肯听您的话用我，又怎么会听您的话杀我呢？"果然不出商鞅所料，魏王根本没有把公叔痤的意见放在心上，不但没有杀商鞅，而且听任商鞅离开魏国。商鞅后来投奔秦国，说服秦孝公变法，使秦国走上了富强之路。由于魏王的草率，魏国错失了商鞅，也就失去了一次强大自身的机会。当然这也给了魏王深刻的教训，促使他认识到人才的重要性，所以他开始积极招揽人才。孟子正是闻听了这一消息，才来到了魏国。

然而魏王此时心里所想的是如何富国强兵、雪洗耻辱、重振往日雄风，开疆拓土，称霸诸侯。他需要的是精通霸道的人才，因此当他见到孟子时，这种想法便冲口而出，第一句话便是："叟，不远千里而来，亦将有以利吾国乎？"意思是："老丈，你不远千里而来，一定会有给我的国家带来利益的好办法吧？"出口便是"利"字当头，魏王确实有些急功近利了，不过根据魏国当时的国情，魏王如此发问也在情理之中，无可厚非。魏王初见孟子，以“叟”称呼，说明他对孟子并不太看重，所以很随便生硬地打了个招呼。

孟子非常重视人的行为动机，认为如果人的心中只有利，一切以利为重，社会上下都为求利而奔忙，把仁义道德抛到九霄云外，那么这个社会离毁灭也就为期不远了，所以当他闻听梁惠王不谈别的、只言“求利”之语后，马上说：“王何必曰利？亦有仁义而已矣！”即大王何必讲利，只要讲仁义就可以了。

孟子此语在后来引起很大的误解，认为孟子是一个只讲义而不讲利的人，而后来干脆认为儒家只许讲义，不许讲利。实际上，孟子重义并不轻利，他曾经说过：“富贵，人之所欲也。”他提出的仁政主张的核心就是君王如何给百姓和国家带来更大的利。因此他在这里对梁惠王说：“王何必曰利？”其实是告诉梁惠王，一国之君如果只把求利作为治国之纲，可能会在短期获取一些利益，然而这只是暂时的，而且会有很大的负面影响，会导致上行而下效，从君王、大夫、士到庶人，各个阶层都不顾一切地竞相追逐自己的利益，互相争斗不止，国家最终必然走向灭亡。只有以仁义为纲，才能实现在政治上没有副作用的大利和根本之利，因为没有讲仁的人会遗弃他的父母，也没有讲义的人会怠慢他的国君。所以孟子的“王何必曰利”，只是不求眼前的短期小利，所求的是安邦治国的大利、百姓的公利，要先大义而后个人小利。这一点北宋著名思想家程颐已经看出来了，程颐说：“君子未尝不欲求利，但专以利为心则为有害，唯仁义则不求利而未尝不利也。”（朱熹《四书集注》）

鸿雁麋鹿之乐

孟子的“王何必曰利”的劝说，梁惠王是否听明白和听进去了，我们不得而知。

孟子第二次见到梁惠王时，梁惠王心情很不错，因为他正站在池塘边，欣赏池塘里面自在悠游的鸿雁和池边的麋鹿。只要是一个正常人，当看到绿草茵茵、碧波荡漾、鸢飞鱼跃的自然美景，心中所有的不快、抑郁都会为之一扫而空，梁惠王此时就是如此。然而听了孟子前番“王何必曰利”的劝说，他知道孟子是个以仁义为重的人，因此不等孟子开口，就拿话堵孟子：“贤德之人也喜欢这些东西吗？”意思是你们这些大谈仁义的人是否也能感受到自然之美，并追求这些快乐享受呢？隐含的意思就是，你如果感受不到大自然的美丽、不能以此为乐就不是一个正常人。

孟子不是禁欲主义者，他不反对物质生活的享受，不过他认为不能把自己的享乐建立在别人的痛苦之上，作为君王更不能把自己的快乐享受建立在百姓的痛苦之上。他告诉梁惠王，只有真正贤德之人才能享受到大自然所带来的快乐，不贤之人虽然拥有这些东西也不可能享受到其中的快乐。历史上的周文王和夏桀就是两个很好的例子。周文王因为能够体恤百姓、与民同乐，所以当他征用民力修建苑囿、高台深池时，百姓不仅毫无怨言，而且踊跃前往，没几天就建成了，百姓还给修建的高台深池起了一个很好听的名字，称建好的高台为灵台，修好的池塘为灵沼。百姓非常高兴文王在这里能够观赏到麋鹿鱼鳖，放松身心。相反，夏桀为了自己享乐，残暴虐民，百姓对他恨之入骨，愤怒地诅咒道：“这个太阳（指夏桀）什么时候灭亡？我们愿与你一同灭亡。”被百姓痛恨到要跟他同归于尽，这样的君王即使有高台深池、飞禽走兽，又怎么可能真正享受到其中的快乐？

所以国家要想长治久安，国君必须关心百姓疾苦，与民同乐。

以五十步笑百步

与孟子的两次交锋，让梁惠王充分领教了孟子的雄辩，也认识到了孟子思想的魅力。因此第三次与孟子见面，梁惠王对孟子就多了几分尊重，并真诚地向孟子求教治国问题。

梁惠王对自己的治国效果一直很疑惑，他对孟子说："我对于百姓自问也算是很尽心了，河西发生了灾荒，就把那里的灾民迁移到河东，将河东的粮食送到河西。河东发生灾荒时也是这样做的。然而看看邻国君主，他们都没有像我这样用心的，可是他们的百姓并没有因此而减少，我这儿的百姓也并没有因此而增多。"梁惠王自认为比邻国的那些君主强多了，百姓有灾则救灾，有荒则救荒，可是天下的百姓并没有因此归心于他，前来投奔，他不知道为什么会是这样的结果。

在孟子看来，梁惠王治国一个很大的问题，就是头疼医头，脚疼医脚，没有抓住治国的根本。不过如果照直说出来的话，不仅会伤害到梁惠王，而且梁惠王也不一定就能接受，所以孟子的回答很巧妙，他说："王喜欢战争，那就让我用战争来打个比方吧。战鼓敲响，与敌人的枪尖刀锋刚一接触，有的人就吓得丢盔弃甲向后逃跑，有的一口气跑一百步停住脚，有的一口气跑了五十步停住脚。那些逃跑了五十步的人回过头来却讥笑那些跑了一百步的人，说他们胆子太小，这样可以吗？"

梁惠王没有多想就回答："不可以。只不过他没跑一百步罢了，但这也是逃跑。"

孟子接着说："王如果懂得这个道理，那就不要指望你的百姓比邻国多了。"因为梁惠王头疼医头、脚疼医脚的治国方式与邻国相比也就是五十步笑百步之差，并没有根本的区别。孟子告诉梁惠王治国的根本之道就是实行仁政。不仅要从根本上解决百姓的温饱问题，让百姓有饭吃、有衣穿，而且在民富之后，还应让百姓接受道德教育，提高百姓的道德素养，百姓感受到了君主和政府的关怀和温暖，必然诚心前来归顺，即使称王天下也不难。仁爱百姓，则天下归心。

不可以政杀人

经过与孟子的三次交谈，梁惠王已被孟子的学说有所打动，因此第四次见到孟子，他的态度发生了很大变化，初见孟子的生硬和不礼貌全然不见，他非常谦虚地对孟子说："寡人愿安承教。"表示愿意诚心接受孟子的指教。

既然梁惠王真心求教，孟子也就不再顾忌，上一次与梁惠王谈话，孟子委婉地指出梁惠王的错误，这一次他要不客气地批评梁惠王的本人在治国观念上的错误。不过他不改一贯的谈话风格，仍然以问代答。

孟子问梁惠王："用棍棒杀人和用刀子杀人，有什么不同吗？"

梁惠王说："没有什么不同。"

孟子接着又问："用刀子杀人和用政治杀人，有什么不同吗？"

惠王说："没有什么不同。"

孟子用类推的方法，说明只要最后的结果都是杀人，那么不管用什么方式，用什么工具，事情就没有本质的不同。所以如果是治政错误而让百姓无辜丧生，同样也是一种杀人行为，不可饶恕。

魏国现在的情形就是如此。君主和上层贵族"庖有肥肉，厩有肥马"，他们的厨房里摆满了肥肉，马棚里养着肥马；而广大百姓"民有饥色，野有饿莩"，饥寒交迫，野地里还躺着饿死的人。魏国错误的执政方式导致了社会财富分配的极端不均，而统治者只顾个人的奢侈享受，漠视百姓的生死，这与率兽食人没有什么不同，也就是以政杀人。兽类相互残杀，人们尚且厌恶，可是作为百姓的父母官，施政治国，却把百姓置于死亡的境地，这样的人怎么能做百姓的父母官，怎么能让百姓归心呢？孟子在这里实际是把一个问题非常尖锐地摆在梁惠王的面前：如果再继续以往的执政方式，就是继续以政杀人，那就没有再当百姓父母官的资格。梁惠王当何去何从？必须作出选择。

仁者无敌

孟子的观点虽然很有说服力，但对梁惠王来说，魏国还有迫在眉睫的问题要解决，他希望孟子在这方面能提出一些建议。

在梁惠王执政期间，魏国接连遭到了战国七雄中的三大强国齐国、楚国、秦国的沉重打击。

据《史记》记载，公元前354年，魏惠王任庞涓为将，率军北上，进攻赵国邯郸。赵国也不是好惹的，全国上下众志成城，拼死坚守，双方僵持了一年。赵国后来向齐国求救。齐国当时的君主是齐威王，齐威王派田忌为将，并指派了著名军事家孙膑为田忌的军师。田忌听取孙膑的意见，没有直接去邯郸攻打魏军，而是直奔魏国，包围大梁，迫使庞涓不得不回师救魏。齐军就在庞涓回师救魏的途中截击魏军，魏军长途奔波，加之久战疲惫，人困马乏，哪里是严阵以待的齐军的对手，结果惨败而归。

十二年后，即公元前341年，同样的事情又上演了，多事的魏国又去攻打韩国。韩国仍向齐国搬救兵。齐威王已死，此时的齐君是齐宣王。齐宣王仍派田忌为将、孙膑为军师前去营救。孙膑仍然用老办法，不去救韩，而去攻魏，迫使庞涓回师救魏。魏国派出太子申与庞涓合兵抵抗齐军。孙膑知道庞涓容易骄傲轻敌，在退兵过程中，故意天天减少炉灶的数目，引诱庞涓追赶。庞涓果然中计，带兵追击齐军，并在齐军扎过营的地方验灶，推算齐兵的人数。第一天验灶，做饭的炉灶足够十万人用；第二天验灶，做饭的炉灶够五万人用；第三天验灶，做饭的炉灶只够两万人用。庞涓认为齐军做饭的炉灶一天比一天少，说明齐军在撤退过程中不断有兵士在逃跑，到第三天，跑得只剩下两万了，于是他放心了，丢下大部队，只带部分精锐追赶。哪知孙膑早在地形险要的马陵的夹道埋下伏兵，还把树砍倒放在路当中，在道旁只留下一棵没砍，在上刻写：庞涓死于此树之下。当庞涓率魏军兴冲冲追赶过来，天已全黑，士兵打起了火把，看到了树上刻写的“庞涓死于此树之下”，正惊慌不知所措之际，埋伏在四周的齐军万箭齐发，像飞蝗一样朝魏军射来，可怜的魏军几乎成了箭靶子。庞涓走投无路，只得拔剑自杀。齐军乘胜大破魏军，魏国的太子申也被俘杀死了。

两次惨败，魏国元气大伤。而在此后，即公元前340年、公元前339年、公元前332年、公元前330年、公元前328年与西面秦国的几次战争中也屡战屡败，被迫将河西近七百里的国土割让给秦国。南面的楚国也不让魏国安生，公元前323年楚国派柱国昭阳率兵攻魏，在襄陵大破魏军，夺去了魏国八邑之地。

从公元前354年到公元前323年，三十多年的时间里，魏国都在不停地作战，不是魏国攻打别国，就是被别国攻打，对手都是当时的强国。无论是攻打别国，还是被别国攻打，魏国都是输家，而且输得很惨。这些都在梁惠王的心里埋下了深仇大恨，梁惠王明白直率地告诉了孟子自己心中的感受，他说：“魏国，曾经是天下最强大的国家。这是老丈你所知道的。到我这一代，东面被齐国打败，我的长子也死在了那里；西面又丧失了七百里的疆土给秦国；在南面又受到楚国的羞辱。简直是奇耻大辱，我想要替死去的人报仇雪恨，该怎么办才好呢？”

面对满腔怒火的梁惠王，孟子当如何回答？孟子清楚魏国的处境，也明白当时的社会现实。但是他反对战争，实际上魏国确实也不能再打了，再打不仅占不到便宜，而且交战双方的百姓都会再次陷入战火之中，给他们带来无尽的苦难。所以孟子与梁惠王打起了“太极拳”，没有理会梁惠王复仇的问题，而是宣传他的仁政主张。关于仁政，孟子上一次已经同梁惠王谈过了，不过这次他谈得更为具体。他告诉梁惠王，能否称王天下，不在于国土大小，而在于执政是否得人心，得人心者得天下。只有实行仁政，才能得人心。具体而言，就是减免刑罚、减轻赋税，鼓励百姓深耕细作，使百姓衣食无忧；然后对民众加强道德教育，在家孝亲，在外敬上，家庭和睦，社会和谐，上上下下同心同德。这样的国家，天下的百姓都会欣然来归，即使武器装备再差，也完全可以战胜秦楚那些强国，因为那些国家不行仁政，那么实行仁政的梁惠王前去讨伐他们，拯救那里的百姓，那些国家的百姓怎么会起来抵抗呢？相反会受到这些国家百姓的欢迎，所以说“仁者无敌”。

我们在这里看到了孟子的天真和自信，他天真地以为只要自己专心实行仁政，就能强国，进而王天下。仁者天下无敌。可是当时的社会现实环境，是一个强权社会，天下方务于合纵连横，“以攻伐为贤”，孟子的仁政主张被人们视为“迂远而阔于事情”，根本不可能有人采纳。当然孟子也清楚这一点，但是他依然坚持推行仁政，永不放弃，儒家知其不可为而为之的情怀和精神在孟子身上鲜明地体现出来了。

孟子难仕

孟子与梁惠王有过多次交谈，但他却没有在魏国谋取一官半职，也没有向梁惠王提出这一要求。魏国人周霄对此很不理解。

他问孟子：“古代的君子做官吗？”孟子回答：“当然做官。”孟子接着还说，孔子如果三个月不做官，就会心神不安，一定会赶紧带上见面礼到各国去求官。鲁国贤人公明仪曾说：“古代的人三个月没有君主任用，便要去安慰他。”

周霄说：三个月没有君主任用，便要去安慰他，恐怕太急了点吧。孟子说：“士人失去职位，就像诸侯失去国家。”孟子认为，做官是士人的主要出路，士人没有官职，那么不仅理想无法实现，就是一些基本的人生义务也无法完成，比如祭祀。孟子生活的时代是重神的时代，祭祀祖先是人生非常重要的任务，而对祖先的祭祀是需要物质保障的。因为祭祀需要肥硕的牲畜、洁净漂亮的器皿、光鲜齐整的祭服，士人没有官职，那么祭祀的牲畜、器皿、衣服就无法置办齐全，所以士人不能在家无所事事，一定要积极出来做官。士人失去官职，就如同诸侯失去国家一样，是非常残酷也是非常严重的一件事情。

周霄明白了孟子对做官的看法，但是他不理解，既然孟子认为应该积极出来做官，魏国也是一个有官可做的国家，可是孟子为什么又不轻易出来做官呢？

在孟子看来，固然每一个士人都应该出来做官，做官可以解决士人基本的物质需求，但做官的最终目的是行道，不是为求利，孔子急切出仕，实际就是在积极寻找行道的机会。正因为出仕是为行道，所以不能以不正当的手段获取官职。

就像青年男女的婚姻。男女青年到了谈婚论嫁的年龄，携手走进婚姻的殿堂，是天经地义的事情，谁也不能阻拦。所以男孩子一生下来，父母便希望替他找妻室；女孩子一生下来，父母便希望替她找婆家。父母的这种心情，人人都有。可是不经过父母的许可、媒人的介绍，男女青年便钻洞扒缝、互相偷看、爬过墙去幽会，那么父母和社会上的人都会瞧不起他们。出仕做官也是如此，谁都想做官，但不通过正当途径求取官职，就与男女钻洞扒缝、私相授受一样可耻。

“学而优则仕”，出仕做官是孔夫子、孟夫子为中国知识分子指出的一条主要出路，中国古代的知识分子基本也是按照孔夫子、孟夫子指出的道路来设计自己人生的坐标和走向的。而孔夫子、孟夫子提出的“仕而行道”“仕由正道”，所以要“难仕”，即出仕的目的是行道，出仕要走正道，不轻易出仕，以正当的途径获取官职的思想对中国古代知识分子同样有着深远的影响。

谁是“大丈夫”

孟子在魏国与魏人景春有过一次著名的关于“大丈夫”的讨论。所谓“大丈夫”，就是真正的男子汉。

当时政坛上出了两个呼风唤雨、叱咤风云的著名人物，他们就是公孙衍和张仪。

公孙衍，字犀首，是当时纵横家中的著名人物，曾任秦国大良造，身佩五国相印。张仪，也是当时纵横家中的著名人物，他的名号与苏秦并齐，曾劝说六国连横以奉秦国。据《史记》记载，这二人都善辞辩，经常游说诸侯，以猎取名利地位，没有一定的主张，一切以他们个人利益为转移。然而他们的言行却对战国的政治局面产生了非常大的影响。用景春的话来说，就是“一怒则诸侯惧，安居则天下熄”。他们一发怒，诸侯们便害怕；他们安静下来，天下便太平无事。哪个诸侯惹怒了他们，哪个诸侯就会倒霉，他们就会拨动三寸不烂之舌，鼓动其他诸侯来攻打那些胆敢惹他们生气的诸侯。在景春看来，这样两个把天下玩弄于股掌之中的人物，当然是人间豪杰，是真正的“大丈夫”。

孟子不同意景春的观点，他认为公孙衍与张仪算不得“大丈夫”，恰恰是一个不折不扣的“小女人”。根据礼制，古代女子出嫁时，母亲要训导她；送到门口，还要再三叮嘱她：“到了婆家，必须恭敬，必须谨慎，不要违背丈夫！”以顺从为准则，那是女人要遵守的。可是公孙衍和张仪之类的纵横家，为了个人的荣华富贵，丧失是非立场，顺从诸侯的欲望，摇唇鼓舌，煽风点火，挑起一场又一场战争，致使许多无辜的生命葬身沙场，许多家庭妻离子散。这样的人怎么能当得起“大丈夫”的称号！

孟子认为真正的“大丈夫”应当是“居天下之广居，立天下之正位，行天下之大道。得志，与民由之；不得志，独行其道。富贵不能淫，贫贱不能移，威武不能屈”。这里的“广居”，指仁；“正位”，指义；“大道”，指礼。也就是说真正的“大丈夫”应该以仁义为人生准则，胸怀天下万民，站得直、行得正、坚定不移，为正义的理想目标而不懈努力。

固然孟子把“以顺为正”作为妇女必须遵守的原则，既是当时社会的礼制，也反映了孟子与当时社会一样轻视妇女，但是孟子所推崇的“大丈夫”的理想人格，却具有崇高的精神境界，鼓舞和激励着中国古代的仁人志士为真理和理想奋斗不息，前赴后继；培养了中华民族刚正不阿、坚持真理、宁死不屈的高尚品德和气节，是中华民族数千年绵延不衰的精神基因。

“大貉小貉”

孟子在魏国，与魏相白圭有一场关于税制的辩论。

白圭是周人，此时在魏国做相。白圭知道孟子主张仁政，也知道孟子主张“薄税敛”，反对横征暴敛。白圭想改革税制，也想减轻赋税，因此他专程向孟子请教：“我想实行二十而取一的税率，怎么样?”他满心以为孟子会支持和称赞他，没想到孟子却说：“你的做法是貉国的做法。”

“貉”，是古代北方少数民族。孟子认为，貉国地处蛮荒，文化落后，没有城墙、房舍的建设之需，没有祖庙等的祭祀礼仪，没有诸侯之间往来的礼节和宴会应酬，也没有官吏和衙门，所以在貉国实行二十而取一的税率是完全可以行得通的。但是中原地区文化发达，城墙、房舍的建设，祖庙等的祭祀礼仪，诸侯之间来往的礼节和宴会应酬，官吏和衙门，一应俱全，如果也实行“二十而取一”的税率，就没有足够的物质资源来维系这些需要，国家会立即陷入瘫痪。

孟子认为，要维持国家的正常运转，必须依赖赋税，因为官员的薪俸、国家的文化建设以及政府职能部门的日常开支等等，都要靠赋税来保障，所以国家征税是合理的，纳税也是百姓应尽的义务，但是国家征税要符合国情，必须有度，不能太高，也不能过低，理想的税率是尧、舜时的“什一而税”，即十分取一。太高会损害百姓的利益，过低则不能满足国家正常和必要的开支。把税率定得比尧、舜的税率还轻的，是“大貉小貉”；相反把税率定得比尧、舜重的，则是“大桀小桀”的做法。“桀”即昏君夏桀。既不能采用昏君夏桀的滥取无度的征税法，也不能推行“大貉小貉”超低的征税法。

正因为孟子有这样的税制观，所以他不同意白圭“二十而取一”收税法，并斥之为“大貉小貉”。孟子的思想中有很多远离现实、浓重的理想主义，甚至空想的成分，但是他主张征税要合理有度，比白圭的征税观更为符合当时社会现实，可见孟子并不完全是一个空想主义者，在这一点上，他对现实的把握是非常准确的。

以邻为壑

孟子与白圭还有一次关于治水问题的辩论。

白圭提出的税制观被孟子批评，白圭很不服气，他又抬出了他的治水业绩在孟子面前炫耀。他非常自豪地向孟子夸耀：“我治水的才能超过了禹。”

禹在中国古代是一位治水英雄。远古中国也经历了西方诺亚方舟时代的大洪水，孟子以沉痛的笔触形象地描绘了这次史无前例的洪水之灾给中华民族造成的巨大灾难，“水逆行，泛滥于中国，蛇龙居之，民无所定，下者为巢，上者为营窟。”当时洪水泛滥，中原大地一片汪洋，龙蛇遍地，百姓无处安身，低洼地带的人只得像鸟一样在树上搭窝，高地的人只好像野兽一样打洞居住，洞穴一个连一个，凄惨无比。后来禹奉命治水，采用疏导的办法，引流入海，终于平息了这场大洪水，中原民族才有了安身之所。禹是中原民族的大救星，禹的治水功绩被代代传颂。

孟子听了白圭的自夸之词，毫不客气地说：“你错了。”大禹治水是依据水的规律，采用疏导的办法，疏通河道，引流入海，平息中原地区的水患，造福广大百姓。可是白圭治水，据《韩非子·喻老》记载：不是疏通河道，而是采用堵塞的办法，在国内构筑堤坝，让水流向邻国，导致洪水淹没邻国。虽然自己的国家免去了水淹之灾，然而邻国却陷入了汪洋之中。白圭治水，只顾自己，不管别国，把自己国家的灾难转嫁到邻国的做法是“以邻为壑”，把邻国当作排水的沟壑，非仁者所为。白圭如此治水怎么能与禹相比，实在自不量力。

魏相白圭被孟子驳得哑口无言。

天下定于一

孟子到魏国的第二年，也就是公元前319年，梁惠王死了。

孟子有的时候真的是非常不幸，明明看到命运之神已经向他伸出了双手，可是命运之神又吝啬地把手缩了回去。孟子与梁惠王之间就是如此。当他终于可以与梁惠王平心静气地交谈，梁惠王也愿意仔细倾听他阐述仁政了，偏偏在这时候，梁惠王死了。

梁惠王的接班人是梁襄王，显然梁襄王比他父亲差远了。孟子见过梁襄王，对他的评价是：“远远望去不像一个国君，走近看也见不到让人敬畏的地方。突然冒出来一句话：天下怎样才能安定?”从孟子的评述中，可以看出，梁襄王不仅没有国君的气质和威严，甚至连一些基本的礼貌都不懂。梁惠王与孟子交谈，虽然心情不好，但好歹也称孟子一个“叟”字，而梁襄王询问孟子，连个称呼都没有，而且思维混乱，见到孟子半晌无语，突然之间，没头没脑地冒出一句话：“天下怎样才能安定?”问话突兀，毫无条理。

以孟子的心高气傲，当然看不上这样的国君，但是孟子这回倒是出奇地耐心，因为梁襄王提出的问题是当时社会各个阶层都关心的重大问题。春秋战国之时，诸侯混战，战火不断，四五百年之间人们都生活在战争的阴霾之中，天下安定是社会上下共同的追求，所以他还是认真地回答了梁襄王的问题。

他说：“天下只有统一才能安定。”

梁襄王问：“谁能统一天下呢?”

孟子回答：“不好杀人的国君就能统一天下。”

不好杀人是仁政的基本要求，但不是仁政的核心内容，能行仁政，肯定不好杀人，但不好杀人不一定就能推行仁政。由于孟子不看好梁襄王，认为不值得深谈，所以他没有像对梁惠王那样大谈仁政，只是告诉梁襄王一个浅显易懂的道理："不好杀人"者才能统一天下。然而梁襄王没有体会到孟子回答的深意，他直觉地认识到：不好杀人，就没有人惧怕，就没有威慑力，也就没有人跟随。所以他立即问孟子："那有谁来跟随他呢？"

孟子肯定地回答：天下的人没有不跟随他的。就像禾苗，如果久旱不雨，必然枯萎，可是如果有一片乌云出现，大雨倾盆而下，禾苗便会重新挺立，焕发生机。如今的国君，没有一个不好杀人的。如果有一位不好杀人的君主出现，天下的老百姓都会伸长脖子期待他前来解救。果真如此，老百姓归附不好杀人的君主，就会像水向下奔流一样，无人能阻挡得住。

从这里再次看到了孟子的自信和豪气。而孟子宣告："天下定于一"，社会安定的前提是天下的统一，反映了人民的心愿，合乎社会、历史发展的潮流。孟子主张的大一统的观念，对于中华民族的团结和中国的统一产生了巨大的历史作用。

孟子滔滔不绝、一口气地讲完了自己的想法，没有理会梁襄王是否听懂，就告辞出来了。对梁襄王的失望，使孟子对魏国也不再抱有幻想，是该离开了。

第 4 章

再游齐国　君臣交锋

公元前 319 年～公元前 312 年

孟子决意离开魏国，但是天下之大，哪里是实现孟子理想的地方呢？

魏国国都大梁地处中原腹地，由大梁向北，近有赵国，远有燕国；由大梁向南，有强大的楚国；由大梁向东，近有宋国，远有邹国和滕国；在梁的东北方，近有鲁国，远有齐国；由大梁向西，近有韩国，远有秦国。这些国家，孟子选择谁？孟子又要到哪里去呢？

这时候齐国传来了让孟子心动的消息。齐国新上任的君王齐宣王正在招贤纳士。齐宣王是位雄心勃勃的君王，征服天下诸侯，统一天下是他的理想，所以他要广招人才。他即位后，重新恢复了建在首都临淄城的“稷下学宫”，让天下游说之士在这里讲学和畅谈各自的思想，自由论争。消息传开，一时之间，士人云集齐国，于是“稷下学复盛，且数百千人”。其中还有一些在当时以及后代都很有影响的思想家和学者，如驺衍、淳于髡、田骈、接舆、慎到、环渊等。齐宣王对这些人都给予了很高的待遇，“赐列第”，封“上大夫”。齐宣王时的稷下学宫，文化精英集聚，中华民族的智慧之花在这里绚烂绽放，中华民族文化生命的基因在这里孕育，成为充满血腥杀戮的战国时代一个非常另类的地方。

孟子对齐宣王主持下的齐国充满了期待，他兴冲冲地奔向齐国。

齐宣王印象

孟子与齐宣王正式见面之前，已对齐宣王有了初步印象。

从魏国前往齐国，中途要经过范邑，孟子在范邑远远望见了齐宣王，齐宣王身上散发出来的王者气息给孟子留下了非常深刻的印象，以至于孟子不由自主地感叹道："居移气，养移体，大哉居乎！"（《尽心上》）意思是：居处改变气度，奉养改变体质，居处的影响多么大啊！齐宣王不是神，他也是人之子。他住的房屋、出行乘坐的车马、身上穿戴的服饰与别人没有根本的差别，可是他身上却有着与众不同的非凡气度，孟子认为这是齐宣王居处的环境造成的。环境可以改变人，什么样的环境造就什么样的人。有一次，鲁国君主到宋国去，在宋国垤泽城门下呼喊，守门人听到后，说：这不是我的君主，可是他的声音却非常像我的君主。这里所说的声音非常像，指的是声音中透射出的气势。因为都是一国之君，国君身边的环境培养出了国君特有的气质、气势，这是一个普通百姓不可能具备的。孟子从齐宣王身上再次深深地体悟到环境的巨大作用。由此他也告诫世人，外在的环境可以改变人，所以对居处环境要善加选择；而内心修养环境，则要选择"仁"这个"广居"，涵养自己的气质、心志。

齐宣王外在气质比起梁襄王显然要强多了，梁襄王是"望之不似人君"，齐宣王则望之就是人君。孟子对齐宣王的初步印象相当满意。

这个时候的齐宣王还在守丧。按照礼制，齐宣王应当守丧三年。可是齐宣王不想守完三年之丧，他想缩短服丧的时间。

人们对此有不同看法。孟子的弟子公孙丑就认为，父母死后，虽然不能行三年之丧，但是只要服丧一年，也比完全不守丧强，齐宣王不是不守丧，他不过是想缩短服丧的时间，没有什么大不了。

孟子不完全同意这一看法，他说，就好比有人在扭他哥哥的胳膊，明知他不对，你不劝他不要扭，却不关痛痒地说“你慢慢地扭”，这两者有什么不同？礼制要求服丧，其目的在于行孝，事关孝道，没有特殊原因，就应该遵守礼制。

正当师徒俩争执不下时，有一个王子死了母亲，他的师傅替他请求服丧的时间只有几个月。公孙丑立即抓住此事反问孟子：“像这样的事该怎么样？”孟子不紧不慢地说道：“这是王子想服完三年之丧，可是却没有办法做到，他的老师只好代他请求延长几个月。齐宣王却是可以服完三年丧，而不想服完。两者的情况、动机不同，所以不能等同视之。”

孟子没有解释为什么这个王子不能服完三年之丧。根据礼制，如果母亲死了，父亲还活着，那么就不能为母亲服三年丧；或者母亲的身份低微，那么也不能为身份低微的母亲服三年丧。这个王子不能服完三年之丧，属于哪种情况，我们不得而知，孟子赞成该王子的做法，说明该王子的行为是符合礼制的。总体上而言，孟子不像孔子那样重视礼，但是孟子对于保护人伦大道的礼却是很看重的。孟子认为三年之丧维护的是人伦孝道，所以不能无故变更。

孟子游滕之前，曾教滕文公行三年之丧，滕文公力排众议，依言而行，最终受到人们的称赞；此次孟子再度游齐，齐宣王却要缩短服丧的时间，说明齐宣王并不是一个完全遵守礼制的君主，齐宣王与孟子思想的不合拍已初见端倪，不难想象二人将来的碰撞、争议必定难以避免。但是孟子并不惧怕这些，他对自己充满信心，对齐国和齐宣王的信心也没有消减。

孔距心知罪

孟子从范邑继续前行，来到了齐国边镇平陆，在这里，他见到了平陆的地方长官孔距心。孔距心治政方式显然与孟子提倡的仁政相差甚远，孟子一路行来，已亲眼见到。

坦率是孟子的性格，心里有话从不藏着掖着，然而善辩的孟子又是一个注重谈话技巧的人，所以见到孔距心，孟子没有直指孔距心治政有错误，而是迂回引入。

孟子问孔距心："你手下的士兵，如果一天之内三次开小差，是不是要将他开除呢？"

孔距心的回答是：不必等待三次才开除他。意思是：作为士兵，遵守军纪是天职，只要擅离职守、开小差，就应开除，哪怕一次也不行。这正是孟子想要的回答，说明孔距心是一个有着基本职业责任心的地方官，值得继续与之交谈；否则对一个毫无职业责任感的官员，说得再多，也是对牛弹琴，果真碰见这样的人，以孟子倔强的性格，也根本不会搭理他。

所以听完孔距心的回答，孟子立即接着说："可是你失职的地方也有不少。饥荒年月，你治下的老百姓，老弱病残辗转抛尸于山沟，年轻力壮背井离乡，这样的人加起来可达上千人了。"孟子责怪孔距心在灾荒之年没有解决好百姓的基本生活，以至于百姓或饿病而死，或逃亡他乡，实际是谴责孔距心治政失职，治政失职就如同战士擅离职守一样，都是犯罪。

孔距心自认为是很认真负责的，可是孟子把自己比作擅离职守、开小差的战士，他不服气，觉得挺冤枉，他必须辩解。他解释道：这不是我的能力可以办到的。意思是，我的能力有限。潜台词是我也知道灾荒之年，百姓受苦受难，可是自然天灾，谁也无法预料；发生灾害之后，是否赈济，我一个地方官不能自作主张，孟子你不能随便给我扣帽子。

从孔距心的自我辩解中，孟子听出了不服，看样子，要让孔距心认识到自己的错误，还必须耐心说服，因此孟子打了个比方，说：现在假如有个人受人之托，答应替人放牧牛羊，那么他就一定要找到牧地和草料，不让牛羊饿死。万一找不到牧地和草料，那么，是把牛羊送还给人家，还是站在那里眼看着牛羊死去呢？也就是说，既然没有能力找到牧地和草料替人养好牛羊，就应该把牛羊送还给它们的主人，让牛羊的主人再找能干的人来完成这个任务。孟子这个比方的弦外之音是，既然没有能力解决百姓的灾荒问题就应该辞职，让有能力的人来干，不应该尸位素餐，尸位素餐也是失职行为。

孟子这个比喻恰当而又生动，聪明的孔距心也听出了孟子的弦外之音。孔距心是一个敢于承认错误的人，所以他说："这就是我孔距心的罪过了。"

孟子游历诸国，见过的官吏也不在少数，但是能够主动承认错误的却凤毛麟角。孔距心敢于承认自己的错误，给孟子留下了非常深刻的印象，以至于后来孟子见到齐宣王，还在齐宣王面前称赞孔距心。

储子的礼物

孟子离开平陆，来到了齐国首都临淄。

临淄城内，孟子应该首先见谁，孟子的弟子认为别的人可以不去拜访，但是有一个人是必须要去拜访的，那就是齐相储子。为什么？因为孟子在平陆时，储子曾经送来了礼物，不过当时孟子并没有回报储子。储子送来礼物，是想与孟子结交。礼尚往来，储子有礼在先，孟子到了临淄城内，当然应当去拜访人家，表示谢意。况且孟子也是遵从礼尚往来的，孟子在邹国的时候，任国君主的弟弟季任代理任国国政，季任给孟子送来了礼物，想与孟子结交，孟子当时没有回报季任，可是后来，孟子专程到任国拜见季任。既然孟子能够从邹国专程前往任国去拜访季任，现在到了临淄城内，等于是到了储子的家门口，没有理由不去拜访储子。可是孟子并没有去。

孟子的弟子不理解，其中一个叫屋庐子的弟子苦思冥想，想出了一个答案，不过他还不能确定，所以他问孟子：老师到任国，拜访了季任；到了齐国首都临淄，不去拜访储子，是不是因为储子仅仅是个国相？

果真如此，孟子岂不成了趋炎附势的小人？这个弟子显然太不了解孟子，孟子必须加以澄清。孟子明确告诉屋庐子，并不是因为储子只是一个国相，就不去拜访储子，而是因为储子的礼数不周全。季任与储子虽然都没有到孟子住处亲自来送礼，但是两者的情况不相同，季任没亲自来，是因为他有重任在身，不能离开；储子却是可以来而不来。礼数是否周全，只是表面形式，不过在这种表面形式之下潜含的却是对他人的尊重与否，礼送来了，但是礼数不周，其实就是对受礼之人的轻视，所以孟子虽接受了储子的礼物，却不上门拜访，因为他不能容忍别人对他的轻视。

以常情而论，储子身为齐国之相，孟子如果上门拜访储子，由储子向齐宣王推荐孟子，是顺理成章的事情，中间可以省去许多不必要的麻烦，是一条便捷之途。可是孟子宁要个人尊严，也不要这样的便捷之途。

齐宣王暗查孟子

孟子此次游齐与初次游齐，可谓有了天翻地覆的变化。初次游齐，孟子藉藉无名；此次游齐，孟子声名显赫，声势浩大，出行的队伍浩浩荡荡，身后有数十辆车相随，身边有数百名弟子相伴。这样一个人、这样一支队伍来到自己的国家，此人到底有什么与众不同之处呢？齐宣王不禁十分好奇，于是派人私下去考察孟子。

孟子并不知道齐宣王曾派人暗查自己，后来还是那个曾经给他送过礼的齐相储子告诉了他。孟子知道后，说了一句在历史上很有名的话："何以异于人哉？尧舜与人同耳！"意思是：我有什么与常人不同之处呢？就是尧舜也与常人一样。在孟子看来，圣贤也是人，生来和大家一样，有鼻子、有眼睛，也要吃喝拉撒，说的也是中国话，所不同的只是后天内在的德行罢了。

齐宣王换牛事件

孟子到齐国，是来推行他的仁政主张、王道理想的，那么齐宣王就是他必须要见的人。因为在当时的历史环境下，一个国家走哪种路线，决定权操纵在这个国家的君主手里。不过孟子没有立即前去拜见齐宣王，虽然他对齐宣王的初步印象相当不错，但是孟子认为还需要进一步考察齐宣王，所以在齐宣王暗查孟子的时候，孟子其实也在观察齐宣王。

通过考察，孟子逐渐对齐宣王有了更为深入的认识。尤其是齐宣王的近臣胡龁告诉孟子的一件事则更坚定了孟子对齐宣王的信心，这件事就是齐宣王用羊换牛。

事情的经过是：有一天齐宣王坐在堂上，有人牵着牛从堂下经过，这头牛是要牵去杀了衅钟的。也许是牛知道自己马上就会被杀，所以可怜的牛吓得浑身发抖。坐在堂上的齐宣王不知道这是一头用来衅钟的牛，他看见牛的这种样子，非常奇怪，就问牵牛人："牵牛上哪儿去？"牵牛人说："准备杀了它衅钟。"齐宣王说："放了它吧，我不忍心看见它吓得发抖的样子，就像没有罪而被处死似的。"牵牛人说："那么，就不衅钟了吗？"齐宣王说："怎么能不衅？用只羊代替吧！"后来就用羊换掉了牛，齐国人知道这件事后，都认为齐宣王是吝啬。孟子则认为齐宣王用羊换牛，是一种保护仁心不受伤害的仁术。牛战栗恐惧的样子触发了齐宣王的恻隐之心，既不能取消衅钟的活动，又不忍心杀牛，所以只好用羊换牛。

孟子认为齐宣王用羊换牛，说明齐宣王是一个有恻隐之心的人，对一个有恻隐之心的君主宣讲仁政，一定会有效果。

保民而王

孟子与齐宣王两个相互对对方充满了好奇的人终于相见了，两人展开了一次机智有趣的长谈，孟子的基本思想在这次长谈中都展现出来了。这次长谈在《孟子》书中有详细记录，是《孟子》书中最长的一篇文字记载。

（1）齐桓晋文之事

齐宣王见到孟子，问孟子的第一个问题就是：可以讲讲齐桓公、晋文公的事迹吗？齐桓公是齐宣王的先祖，最先成为春秋五霸，晋文公是继齐桓公之后的第二位春秋霸主，齐桓公、晋文公成为后世想雄霸天下的君主效法的榜样，也是齐宣王崇拜的偶像，他想从孟子那里知道更多关于齐桓公、晋文公的情况，以便借鉴。

孟子来到齐国，可不是来谈霸道的，但是齐宣王又提出了这个问题，孟子该怎么办？当初孟子初见梁惠王时，梁惠王盛气凌人地说："叟，不远千里而来，亦将有以利吾国乎？"孟子对以"王何必曰利"？直接否定了梁惠王的问题。这次，齐宣王问的问题是孟子一直强力反对的霸道，孟子没有像直接否定梁惠王那样。因为如果这样说，那么他和齐宣王之间的谈话就会立即结束。而且基于以前对齐宣王的良好印象，孟子相信自己可以改变齐宣王，所以他没有批评齐宣王谈霸道，而是说："孔子的门徒是不谈齐桓公和晋文公的事情的，所以后世没有流传下来，我也不曾听到过。如果一定要我说，就谈谈称王天下吧！"

其实这不过是孟子的推辞之词，也是孟子的狡黠之处。因为不仅孔门之徒，就是孔子也是谈齐桓公和晋文公之事的，如《论语·宪问》中孔子曾说："晋文公谲而不正，齐桓公正而不谲。"而且孟子本人也是熟知齐桓、晋文之事的，在《告子下》有一节他就在大谈春秋五霸，而且说："五霸背离三王之道，所以是三王的罪人；现在的大夫背离诸侯之道，所以是诸侯的罪人。"孟子推托，是不愿意在霸道问题上纠缠，而浪费了宣传王道的宝贵机会。

(2) 推恩

齐宣王见孟子要谈王道，只好说："要具备怎样的德行才可以称王天下呢？"

孟子答道："保民而王。"保护民众就可以称王天下，天下无敌。

宣王问："像我这样的人，能保护民众吗？"

孟子说："当然可以。"

宣王又问："凭什么知道我可以呢？"

孟子谈起了齐宣王用羊换牛的事情，称赞齐宣王用羊换牛是恻隐之心使然。本来齐宣王正为换牛事件被国人斥为吝啬小气而郁闷，现在反被孟子赞为有仁心，齐宣王不由非常高兴，认为孟子说出了自己想说却又无法说清楚的内心真实想法，孟子真是自己的知音。于是，孟子下面的话在齐宣王听来也就顺耳多了。

不过，他不理解为什么自己有这么一点仁心，孟子就断定自己能够实行王道。齐宣王本来也没想过要实行王道，现在孟子说他可以实行王道，齐宣王认为这是不可能的事情。

孟子不能让齐宣王对自己没有信心，他打了个比方，说："有个人向大王禀告说：'我的力气能够举起三千斤重的东西，却拿不起一根羽毛；我的目力能够看清秋天里刚换过的兽毛的末梢，却看不见一车木柴。'大王同意他这种说法吗？"

宣王说："不会。"

孟子接着说："现在大王的恩惠已达到禽兽的身上，却不能让老百姓得到好处，这又是什么原因？一根羽毛拿不起来，是因为不愿用力气；一车木柴看不见，是因为不愿用目力；同理，老百姓得不到保护，是因为不愿施行恩惠。所以'王之不王，不为也，非不能也。'大王不能称王天下，只是不肯做，并不是没有能力做。"

孟子的意思很明白，齐宣王你连一头牛都不忍心杀，都要加以保护，一头牛都能享受到你的恩惠，为什么就不能去保护那些百姓，让百姓也能享受到你的恩惠呢？只要你愿意，就一定能够保护百姓，而称王天下。现在的情况是你不愿意做，而不是没有能力做。

不过，孟子的"王之不王，不为也，非不能也"，在齐宣王听来有点像绕口令，他一脸疑惑，不太明白不肯做与不能做到底有何区别？他只好再问孟子。

生动形象的比喻往往可以使复杂的道理变得浅显易懂，让人豁然顿悟，孟子深谙此道，他与人谈辩的过程中经常运用比喻，屡试不爽，于是他重拾旧法，用“挟泰山以超北海”为喻，说明了不能做与不肯做之间的区别。

孟子说：“把泰山挟在腋下跳过北海，对别人说：‘我没能力做。’这确实是没能力做。替老者按摩，对别人说：‘我没能力做。’这是不肯做，不是没有能力做。所以大王不能称王天下，不是属于把泰山挟在腋下跳过北海一类的事，是属于不肯替老者按摩一类的事。”生活中确实没有谁能够把泰山挟在腋下跳过北海，但是替老者按摩却是举手之劳，关键在于是否肯做。

难道齐宣王称王天下也像替老者按摩一样是举手之劳吗？孟子认为以齐宣王的实力，只要他能够“推恩”于天下，称王天下就是举手之劳，易如反掌。

什么是“推恩”？孟子说：“老吾老以及人之老，幼吾幼以及人之幼。”也就是尊敬自家的长辈，进而也尊敬人家的长辈；爱护自家的小辈，进而也爱护人家的小辈。尊敬自家的长辈，爱护自家的小辈，因为有血缘亲情，容易做到；要尊敬别人家的长辈，爱护别人家的小辈，就不那么容易了。但是孟子认为每一人都有爱心、仁心，“推恩”就是将爱心、仁心由近及远地推广开去，从爱家人推广到爱他人，那么就能尊敬别人家的长辈、爱护别人家的小辈了。齐宣王不是已将爱心推广到了牛身上了吗？可见不难，问题是齐宣王没有把他的爱心推广到百姓那里。推广爱心，只要肯做，就能做到，所以“推恩”是简单易行的。

“推恩”的问题说清楚了，孟子紧接着说：“权，然后知轻重；度，然后知长短。人心亦然。”称一称，然后就能知道轻重；量一量，就能知道长短。人的心思更需要这样。孟子的意思是：齐宣王你是个聪明人，推恩就可以称王天下；反之兴兵征伐，劳师动众，其结果是把臣下和士兵推向危险的境地，与诸侯结仇，得不偿失，这二者之间孰轻孰重，你完全可以掂量得出来。

齐宣王当然不愿意被孟子当作傻子，但是又对孟子的王道、仁政爱不起来，他得找一个借口，他说："我当然不愿意把我的臣下和士兵推向危险的境地，与诸侯结仇，不过我只是谋求我的'大欲'而已。""大欲"即最想得到的东西。

齐宣王在这里有点为难孟子的意思了，孟子要他"推恩"而王天下，他却说要谋求"大欲"，言下之意是要满足我个人的"大欲"，总不能也"推恩"吧。

孟子没有被难住，他问齐宣王："你最想得到的东西是什么？可以说来听听吗？"

宣王不愿明讲，笑而不答。

孟子其实非常清楚齐宣王的"大欲"是什么，不过齐宣王不说，为了不使他难堪，孟子也没有直接挑明，他绕起了圈子，问道："大王所说的'大欲'，是为了肥美的食品不够吃？还是又轻又暖的衣服不够穿？或者是艳丽的美色不够看？美妙的音乐不够听？侍奉左右的亲近宠臣不够使唤？这些，大王的臣下都能充分供给，大王难道为的就是这些吗？"

孟子上面提到的物质、声色的欲望，是常人都有的，齐宣王的"大欲"可不是这些，他感到孟子太小瞧自己了，所以冲口而出，说："不，我不是为这些。"

孟子知道齐宣王的"大欲"不是物质、声色之欲，但是他要齐宣王自己说出来，这样才能指出齐宣王真正的"大欲"，而让齐宣王无法否认，也就不得不听孟子继续往下讲，这就是孟子谈辩的高明之处。

原来齐宣王的"大欲"是：开疆拓土，君临中原，秦楚臣服，抚有海内，四方部族俯首帖耳。其实这就是霸道。

孟子如何评价齐宣王的"大欲"呢？孟子的评价是：缘木求鱼，就像爬到树上去抓鱼一样，根本不可能。

孟子把自己的"大欲"贬得如此之低，齐宣王着实有点不服气，问孟子："有这么严重吗？"

孟子说："恐怕比这更严重呢！爬到树上去抓鱼，虽然抓不到鱼，却不会带来什么灾祸；照您的所作所为，去追求您想得到的东西，全心全意地做，一定会有灾祸在后面。"

孟子说自己追求的"大欲"会带来灾祸，齐宣王有点沉不住气了，他让孟子把其中的原因讲给他听。

齐宣王要听其中的原因，这正是孟子所要达到的目的，如果齐宣王不愿意听，孟子也不能强迫他听。只有听者愿听，讲者要讲的内容才能从容不迫地展开。孟子是善于为自己的讲演营造良好的氛围的。

孟子没有直接告诉齐宣王答案，问了齐宣王一个非常简单的问题：假如邹国人与楚国人开战，那么大王认为谁会得胜？

邹国在当时是个非常弱小的国家，而楚国则是南方强国，所以如果邹国与楚国开战，结果是明摆着的，必然是邹国败而楚国胜，所以齐宣王说："楚国人胜。"

孟子说：如此看来，"小固不可以敌大，寡固不可敌众，弱固不可敌强"。小国本来就不敌大国，人数少的本来就不敌人数多的，力量弱的本来就不敌力量强的。方今天下，国土面积达千里的国家有九个，齐国不过是其中的一个，是九个强国中的九分之一而已。齐国向这些国家开战，就是以九分之一的力量去征服另外九分之八的力量，就是以弱攻强，其结局无异于邹国与楚国作战，必定是大败。因此推行霸道，凭借武力，不是根本之道。

什么是根本之道？那当然只有仁政、王道了。接下来，孟子向齐宣王生动描绘了推行仁政、王道的美好前景。

孟子说：现在如果大王发布命令，施行仁政，使天下想做官的人们都愿意在你的朝中任职，农民都愿意在你的田野里耕种，商人们都愿意在你的市场上做生意，来往的旅客都愿意取道于齐国，那些对自己国君不满的人都愿意到大王面前诉说他们心中的怨言。天下的人们都归心齐国，有谁能够阻挡你称王天下。

孟子把仁政的前景描绘得如此美好，齐宣王有点动心了，不过他不明白推行仁政应该怎样做？他需要孟子进一步解释。齐宣王说："我头脑糊涂，对你所讲的还不完全明白。请先生帮助我，明白地教导我。我虽然不够聪明，请让我试试看。"语气相当谦逊！

齐宣王不仅态度有所转变，而且答应试试看，给了孟子很大的鼓舞。虽然孟子也对梁惠王讲过仁政，但对齐宣王讲得更为详细、全面、具体。

孟子向齐宣王指出，人的行为是由其思想主导的，对于普通人而言，思想的形成往往决定于其生存条件和生活环境。孟子说过一名言："无恒产而有恒心者，惟士为能。若民，则无恒产，因无恒心。苟无恒心，放辟邪侈，无不为已。"没有固定的产业而能不变向善之心的人，只有士了；而普通老百姓，如果没有固定的产业，就不会有恒定向善之心。假如没有了恒定向善之心，那么就会胡作非为，什么坏事都能做得出来。

孟子在这里提出一个与民相对的"士"，肯定他们可以"无恒产而有恒心"。这其实是孟子对士的要求。士就是当时的读书人、知识分子。他们的出路是"学而优则仕"，是国家官员的预备队，而且在春秋战国混乱的局势中，士活跃在各国政坛上。士的作用突显，有的人甚至可以一言安邦、一言而乱邦。孟子对士寄予很高的期望，主张这些人在走上仕途之前，必须接受严格的教育，培养高尚不移的道德操守，孔子说："士志于道"，"君子固穷，小人穷斯滥矣"。经过了这样的培养，士当然能做到"无恒产而有恒心"。然而，在更多情况下，这只能是孟子的一种理想，也可以说是孟子的一厢情愿，因为现实生活中一些士并非"无恒产而有恒心"。

不过，孟子所说的民"无恒产，因无恒心"则是普遍现象，这并不是孟子对民的有意贬低，恰恰说明孟子对普通百姓的观察是非常深刻的，孟子看到了百姓的基本需要。如果百姓无衣无食，生命都难以维系，哪有心思讲什么礼仪道德，因此不守法纪、胡作非为就是难免的了。百姓走上犯罪的道路，国家就会对他们处以严厉的刑罚。可是是谁把他们推到这条路上的，不是别人，正是那些自以为是、漠视百姓疾苦的执政者，他们没有给予百姓维持生计的基本保障，这个基本保障就是让百姓有一份可以依赖的固定产业。这样的执政者实际是陷害百姓的罪人。在先秦诸子中，孟子对百姓的深情关切是独一无二的，他清楚地认识到没有哪一个百姓愿意以身试法，百姓犯罪都是逼不得已的，罪恶根源就在于执政者本身。

由于民“无恒产，因无恒心”，因此孟子提出必须“制民之产”，与民恒产，即给百姓制定产业，给民足以维持生计的固定的产业。还要“不违农时”，不干扰百姓的农业生产；民富之后，让他们接受道德人伦的教育，教育百姓懂得尊亲敬长的道理，从而使社会上上下下和睦相处，国家安定太平。

以上几点是孟子仁政思想的核心，孟子充满信心地对齐宣王说：实行仁政“老者衣帛食肉，黎民不饥不寒，然而不王者，未之有也。”

与当时残民以逞的虐政相比，孟子的仁政是多么美好的政治设计，他是为社会的长远发展来谋划的，浓烈的民本思想在其中显露无遗，就是在今天也不无价值。

虽然孟子在其他地方也抓住一切机会宣传仁政，然而他仁政思想的全景展示却是在与齐宣王的这次长谈中完成的。这次长谈也让我们再一次领略了孟子的机智。齐宣王一开始是要孟子谈霸道的，不料想孟子张口就把谈话的主题引向了王道仁政，虽然齐宣王也曾推托、躲闪、质疑，但孟子始终牵引着齐宣王不离这条主线，最终孟子把自己要说的话痛快淋漓地说了出来。这次长谈中，孟子驾驭语言的才能也得到了很好的展现，一些词语已成为后代常用的成语、典故，如“明察秋毫”“挟泰山以超北海”“缘木求鱼”“寡不敌众”等等；这篇文字也成为中国文章的典范，千古传诵。

由于孟子在这次长谈中已对齐宣王比较全面地阐述了仁政、王道，所以此后虽与齐宣王有过多次交谈，但都是针对一些个别具体问题的交流和探讨，没有再与齐宣王展开这样的详谈，因为孟子需要等待，他要等待齐宣王接受仁政、王道，并付诸实施。

与民同乐

在孟子与齐宣王长谈之后的一天，有一个叫庄暴的齐国大臣来见孟子，他是专程来向孟子请教问题的。他请教的问题是齐宣王的音乐爱好。

齐宣王曾向庄暴谈起自己特别喜欢音乐，庄暴不知该如何回答齐宣王，庄暴特地来要孟子教教他。

孟子听后，说："宣王那么喜欢音乐，那齐国应该会治理得差不多吧。"

听了孟子的这一回答，大家大概不仅不明白，反而有点糊涂了吧，不要着急，且看下面孟子与齐宣王的交谈。

过了一些日子，孟子被齐宣王召见。谈话中，孟子谈起了庄暴问过的齐宣王的音乐爱好问题。

没有想到，齐宣王闻听后，脸色大变，有点惭愧地说："我喜欢的不是先代帝王遗留下来的古乐，只不过是一些世俗流行的音乐罢了。"

孟子与齐宣王谈音乐爱好，齐宣王为什么会变脸色？还有点惭愧？在今天看来，音乐爱好不过是个人兴趣，没有什么值得大惊小怪的，可是不要忘了，我们是礼乐文明之邦，远古时代，礼乐是被用来治国平天下的，具有政治功能和伦理教化功能。所谓"安上治乱莫善于礼，移风易俗莫善于乐"，所以有"礼教"和"乐教"。儒家先师孔子一生都很重视乐，而且有精深的音乐造诣，相传孔子曾访乐于苌弘、学琴于师襄。师襄是鲁国的乐官。在孔子向师襄学琴过程中，他认为不仅要掌握弹琴的技巧，还要领会琴曲之"志"，即琴曲的神韵，甚至要透过琴曲认识到作者的为人和风骨。

孔子重视音乐，他爱音乐，他给学生所开的专业课中有一门就是“音乐”，然而孔子所重视的、所爱的和所教的音乐是古代雅乐。孔子曾花了不少时间整理古乐，他曾自述整理音乐的成果：“吾自卫返鲁，然后乐正，《雅》《颂》各得其所。”（《论语·子罕》）孔子并不喜欢流行音乐，尤其对郑国的流行音乐“郑声”就很反感，主张“放郑声”，即消除郑国民间音乐，原因是他认为“郑声淫”，让人思淫志惑，容易使人情感泛滥。古代雅乐是古代宫廷的正统音乐，具有崇高的地位。其实孔子当时及以前的王公贵族所学的就是古代雅乐，这是贵族们的特权，甚至是他们身份的一种象征，平民无缘于此。正因为音乐在当时的社会具有如此重要的社会地位，所以当齐宣王对庄暴说起自己的音乐爱好时，庄暴会不知所措，不敢贸然回答。

然而，古代雅乐有一大缺陷，就是庄重的同时，失于呆板，让人听来昏昏欲睡，而世俗流行音乐就不同了，清新欢快，极富活力，在民间深受欢迎，下行而上效，渐渐影响到上层贵族，齐宣王就是其中的代表。由于流行音乐是非正统的音乐，不登大雅之堂，所以贵族们即便喜欢流行音乐，也不会大肆宣扬。所以，当齐宣王说自己喜欢流行音乐时，会流露出一丝惭愧不安的神色。

孟子不像他所推崇的孔子那样重视古乐，因为经历了春秋战国的洗礼，礼乐制度早已崩坏，孟子也就不再像孔子那样强调礼乐的治国功能，因此他说“今之乐”犹“古之乐”，当今的流行音乐与古代雅乐差不多。这话说得就极为含混了，什么差不多？是韵律？还是功用？孟子没有细说，因为孟子不想在这里探讨音乐问题。他这样说，不过是要打消齐宣王的顾虑，同时也不想让齐宣王产生抵触情绪，从而听孟子把下面的话说完。且看孟子是如何一步一步展开自己的话题。

齐宣王见孟子没有批评自己对流行音乐的爱好，反而说

“今之乐犹古之乐”，觉得很奇怪，不由问道：“可以把其中的道理讲给我听听吗?”

孟子说：“独自一人听音乐快乐，与别人一起听音乐快乐，哪一种更快乐?”

齐宣王说：“不如与别人一起听音乐快乐。”

孟子继续追问：“与少数人一起听音乐快乐，与多数人一起听音乐快乐，哪一种更快乐?”

宣王说：“不如与多数人一起听音乐快乐。”

看来这齐宣王是个爱热闹、怕清静的人，所以认为听音乐时应该人越多越好，孟子的目的不在于听音乐时人多人少的问题，他的用意在于说明：听音乐看似是一种个人的文化娱乐活动，但是不同的国君，他的个人娱乐活动在百姓那里产生的反响却并不一样。

孟子用对比的方式向齐宣王描述了同是娱乐活动，却有不同的结果。

一种情形是，假如现在大王在这里演奏音乐，百姓听到大王的钟鼓之声和箫管之音，都皱着眉头，愤恨地说：大王如此喜欢音乐，为什么让我们困苦不堪，父子不相见，兄弟妻子天各一方；假如大王在这里打猎，百姓听到大王漂亮的车马风般掠过，看到华美的旗帜随风飘扬，都皱着眉头，愤恨地说：我们的大王喜欢打猎，为什么让我们困苦不堪，父子不相见，兄弟妻子天各一方。

另一种情形是，假如现在大王在这里演奏音乐，百姓听到大王的钟鼓之声和箫管之音，都喜形于色，奔走相告，说：我们的大王大概没有疾病吧，要不怎么能奏乐呢?假如大王在这里打猎，百姓听到大王漂亮的车马风般掠过，看到华美的旗帜随风飘扬，都喜形于色，奔走相告，说：我们的大王大概没有疾病吧，要不怎么能在这里打猎呢?

同样是奏乐、打猎，可是前一种引起的是百姓的反感和怨恨，后一种引起的是百姓的欢欣鼓舞，原因不在于奏乐、打猎，而在于奏乐、打猎的君主是否关心百姓疾苦，与民同乐，如果漠视百姓的疾苦，只顾个人享乐，那么必然遭到百姓的痛恨；只有与民同乐，才能上下同心，受到百姓的拥护，而称王天下。

孟子由齐宣王的音乐爱好引申劝诫他，真正的快乐来自与民同乐！

孟子曾两次劝诫齐宣王要与民同乐。另外一次是在齐宣王的行宫别墅——雪宫。

齐宣王在雪宫会见孟子，他很为这座富丽堂皇、金碧辉煌的别墅而得意和自豪，憋不住，就要在孟子面前炫耀炫耀，他问孟子：贤德之人也有这种享乐吗？此话听来何其耳熟！原来孟子之前见过的梁惠王也曾问过类似的问题，不过梁惠王是站在自己的御花园问这个问题的。看来人性当中真是有很多共性，追逐物欲的享受不分国界、不分年龄。美丽的东西，谁都不会拒绝。

孟子当然也不会拒绝，他肯定地说："贤德之人也有这种快乐追求。"善辩的孟子是善于借题发挥的，所以他下面紧接着就对齐宣王分析了社会的普遍心理，指出每一个人都会追求物欲的享乐，而且很多人还因为得不到这种享乐而埋怨他们的君主。得不到这种享乐就埋怨君主，这种行为固然不对；但是作为君主如果不能与民同乐，也不对。

与民同忧

与民同乐的问题，孟子与齐宣王在前面已谈得非常详细了，所以他在这里没有再在这个问题上纠缠，而是从与民同乐谈到还应当与民同忧，人生毕竟不会只有乐，总是忧乐并存，忧喜交织的。孟子的原话是："为民上而不与民同乐者，亦非也。乐民之乐者，民亦乐其乐；忧民之忧者，民亦忧其忧。乐以天下，忧以天下，然而不王者，未之有也。"

这段话在后世成为名言经典，范仲淹的名句："先天下之忧而忧，后天下之乐而乐”即脱胎于此。

如何与民同忧？孟子以齐国贤相晏婴劝说齐景公的故事为例加以说明。话说齐景公想来一次长途观光旅游，游览一下齐国壮美的山川。他的行程计划是：先到转附和朝儛两座山上去游览，然后沿海岸线直往南走，直达齐国的东南边境琅玡。但齐景公又不愿意被人当作游山玩水、不务正业，他想把这次行动与古代圣王的巡游天下联系起来，于是就问晏婴古代圣王巡游的情况。

晏婴的回答是：“问得好！古代圣王天子确实也出来巡游，不过他们出来巡游，都是和政事相结合的，没有一次是纯粹为了个人行乐。他们春天出来巡游，视察耕种，借此补助贫困的农户；秋天出来巡游，视察秋收，借此补助缺粮的农户。因此，夏朝有谚语说得好：‘我们大王不出来游，我们怎能得休息？我们的大王不出来走，我们怎能得救助？’古代圣王带着对百姓的关心出游，在出游中发现百姓的困苦，解决他们的问题，所以百姓都伸长脖子盼着他们出游。可是现在的国君出游，沉湎于个人享乐，把国家政事、百姓疾苦抛之脑后；沿途兴师动众，大吃大喝，劳民伤财，百姓怨声载道。这两种不同的出游，选择哪一种，大王你自己决定吧！”

后来，齐景公打消了长途出游的想法，改长途出游为郊游，还开仓济民。齐景公从中也得到了真正的快乐，他让乐官专门创作了两首君臣同乐之歌，曲名叫作《徵招》《角招》，表达他的快乐感受。

齐景公的故事说明作为国君当然可以有自己的快乐追求，但不能忘记百姓的疾苦，要胸怀天下，“乐以天下，忧以天下”，与国家、民族同欢乐共忧患，同呼吸共命运。

与民同享

齐宣王的兴趣十分广泛，他爱好流行音乐，喜欢宽敞的别墅，还喜欢在自家的王家园囿中赏花、赏鸟，甚至飞马扬鞭，追逐猎物。但是齐宣王的园囿在老百姓中的影响很坏，老百姓认为这处园囿太大了，很碍事。齐宣王觉得很委屈。他要孟子给他一个说法。

他问孟子："听说周文王有一处园囿，纵横各有七十里，真有这回事吗？"

孟子答："史籍是这样记载的。"

齐宣王说："真有这么大吗？"

孟子说："老百姓还觉得它太小呢！"

宣王说："我的园囿纵横各只四十里，老百姓却认为太大了，这又是为什么？"

孟子对齐宣王进行了分析，指出文王的园囿纵横各有七十里，比起齐宣王纵横各只有四十里，表面上看确实大许多，可是文王没有把园囿当作个人专利，而是与天下百姓共享，允许老百姓进去打猎、捕鸟、砍柴，这样百姓自然觉得文王的园囿小了。可是齐宣王只把园囿作为个人逍遥取乐的专用场所，而且定了专门的园规：百姓如果胆敢杀里面的麋鹿，就视同杀人之罪。这样的园囿对于百姓来说无异于一个危险重重的陷阱，不小心哪天跌落下去，就会死无葬身之地。这样的园囿再小，百姓也会觉得它大。

孟子没有否定君王的园囿之乐，认为君王日理万机之余，在风景宜人、充满了鸟语花香的园囿里游游走走，放松身心，理所应当，但是不能因此对百姓造成危害，而应当效法周文王，与民同享。

睦邻友善

总体上来说，齐宣王对孟子是比较尊重的，他屡屡召见孟子，向孟子请教，态度也比较谦和。

也许是齐宣王认为孟子的观点虽然言之有理，但在现实中很难行得通，所以更多情况下他只是向孟子问一些个人生活当中的具体问题，比如雪宫之乐、音乐问题、王家园囿等等，但是每次孟子都会借题发挥，非常巧妙地把问题引向王道、仁政；结果每次都是孟子苦口婆心地劝，齐宣王依然故我地做。

这一次例外，齐宣王问了一个政治问题，就是应当如何与邻国交往。显然这是齐宣王一直在思考的问题，齐宣王一心要效法先祖齐桓公，重振齐国昔日霸业，必然会诉诸武力，那么就不可能与邻国相安无事，兵戈相见在所难免。也许齐宣王此时已有了攻打邻国的计划，但还在犹豫，所以他要问问孟子的想法。

孟子的回答是：仁爱的君主“以大事小”，明智的君主“以小事大”。意思是：大国之君应当有仁爱之心，爱护弱小国家，那么就应该放下架子，屈尊事奉弱国；弱国之君要审时度势，小心事奉大国，赢得生存的空间，就像当年的周太王古公亶父事奉强悍的獯鬻族、越王勾践事奉吴王夫差。孟子认为国家有强有弱，是客观存在，邻国要和平相处，强国就不能以强凌弱，而要以大事小，弱国也不能逞强，而要以小事大，这样才能保有天下、保有国家。国与国相处，不能依靠武力。

齐宣王听到孟子要他做仁爱之君，与邻国和平相处，保护弱国甚至事奉别的国家，这与他称霸天下的想法相去甚远，所以他不愿意听。因此他一方面嘴上称赞孟子说得好，另一方面开始转移话题，为难孟子，说：“可是我有个毛病，‘寡人好勇！’”意思是：我脾气坏，喜欢勇敢，让我低头屈尊事奉别的国家，不可能。

这可难不住孟子，孟子顺势应变，顺着齐宣王“好勇”的话题，提出“好勇”不是缺点，关键是不能好匹夫之小勇，而要好“大勇”，历史上就有两位好“大勇”的圣君，他们是周文王、周武王，他们以其“大勇”而安天下之民。所以如果能像文王、武王一样好“大勇”而安天下，百姓还怕君王不好勇呢！

孟子对齐宣王又进行了一次王道的宣传。

与民同之

齐宣王又碰着了一个棘手的问题，有人建议把齐国境内的明堂拆了，这可让他心里有点犯嘀咕，明堂可不是想拆就能拆的，他得问问孟子的想法。

齐宣王为什么不敢断然下令拆毁明堂？因为明堂在古代的政治文化生活中占有非常重要的地位，国家许多重要的活动，诸如祭祀、朝会、布政、选士、大飨等都在明堂举行，明堂是国家尊严的象征。所以中国古代文化典籍中有许多关于明堂的记载。齐国境内的这座明堂建在泰山脚下，可能是准备天子东巡狩朝见诸侯用的。齐国人出于什么动机要拆明堂，无从揣测，但是齐宣王对拆毁明堂犹豫不决则是很明显的，否则他不会专门就此询问孟子。

孟子说：如果你想行王政，就不要拆毁明堂。

一座明堂的毁与不毁居然和王政的行与不行有联系，齐宣王得问仔细了。他让孟子讲一讲“王政”。

孟子以周文王治理岐周为例进行了解答，他说：当年文王治理岐周，对耕田的人只抽九分之一的税，让做官的人世代承袭俸禄，关卡和市场只稽查而不征税，任何人都可以到湖泊里捕鱼，只惩处犯罪的人，不牵连他们的妻儿，鳏寡孤独是最穷苦无依的人，对他们要优先抚恤。

以上所说，言语虽短，但与国家执政有关的诸如农业、渔业、商业、官员、司法、社会福利等方面基本都涉及了，其立意和出发点是要积极保护不同行业、不同阶层人的利益，不仅要保护官员的利益，还要保护农民、商人、渔民的利益，尤其对那些孤苦无依的鳏寡孤独等社会弱势群体要善加优抚，在司法实践中，反对连坐等。这些措施无论怎样看都是维护社会和谐安定必不可少的，极具远见卓识。

齐宣王是一个政治家，他懂得其中的利害关系，所以听完之后，立即大加称赞：“说得真好啊！”

孟子马上接着说：大王如果认为好，那为什么不实行呢？

这等于将了齐宣王一军，意思是齐宣王你不能只是口头说好，应该落到实处，真正干起来。

真要让齐宣王实行王政，齐宣王可做不到，所以他赶紧找借口为自己辩解。一次不行，再来第二次。孟子可不会上当，每次都把齐宣王挡了回去。

前面齐宣王曾以自己有“好勇”的毛病为借口，说自己做不到“以大事小”事奉邻国，被孟子挡了回去；这次他又从自己身上找出几个比“好勇”更严重的毛病作为他不能行王政的借口。

首先，齐宣王说：“寡人有疾，寡人好货。”意思是：我有个毛病，我贪爱财货。

孟子说：“从前周朝远祖公刘也贪爱财货，不过他不光是为个人集聚财货，他为国家集聚财货，并且推己及人，‘与民同之’，让老百姓也集聚财货，结果不仅国库充盈，百姓家里的粮仓也堆满了粮食。一旦有战事发生，前方、后方都不用为粮食发愁，武器、粮食充足，百姓踊跃向前，军威严整，所向披靡。此事《诗经·大雅·公刘》有明确记载。因此，贪爱财货并不必然与实行王政相矛盾，关键是能否‘与百姓同之’。”

齐宣王听孟子说自己“好货”的毛病不妨碍实行仁政，而且在孟子看来，“好货”只要运用得当，甚至还是实行仁政很好的主观条件，狡黠的齐宣王见没有难住孟子，又在自己身上找出一个千古闻之色变的毛病：“寡人有疾，寡人好色。”齐宣王心想，孟子你再能辩，也不能说一个好色之君能行王政吧。

没想到，孟子还真说“好色”之君能行王政，有史为证啊！周朝始祖太王古公亶父就很好色，非常宠爱他的妃子姜氏女，当他骑上骏马来到岐山，为周族人寻找新的安身之处时，身边就带着姜氏女，二人形影不离。不过太王自己“好色”，他也推己及人，努力满足百姓在这方面的要求，帮助他族内的青年男女建立美满的家庭，“当此时也，内无怨女，外无旷夫”，在那时，在内没有找不到丈夫的老姑娘，外边也没有娶不到妻子的单身汉。所以“好色”也不一定与实行王政构成矛盾，关键是掌握好尺度。

“好货”“好色”都是人的正常欲望，孟子虽然说过“养心莫善于寡欲”，但他并不主张禁欲。一国之君“好货”“好色”并不奇怪，但不能过度，更不能为满足个人欲望而危害百姓；同时还要想到，百姓也有这些要求，应当满足百姓的基本欲求，也就是要“与民同之”。

通过这次交谈，我们一方面看到了齐宣王的狡黠，孟子的机智。齐宣王不断变换理由，为难孟子；孟子沉着应对，紧抓不放，使谈话的主题始终不离王道、仁政。另一方面也看到了孟子的仁政思想在当时的尴尬遭遇。客观地讲，齐宣王在当时还是一个比较有眼光的政治家，其实他也认识到了从长远来看，孟子王道、仁政的思想无疑是具有远见卓识的。不过在当时的社会环境下，他更急需的是以武力巩固和扩大自己的实力，否则齐国就可能会成为别人的囊中之物，所以霸道更符合他的需求，但是这些想法是不便为外人道的。出于对孟子的尊重，他只好自暴隐私，说自己是一个既贪财、好色，又“好勇”、脾气暴躁的君主，当然不可能推行王道、仁政的。

齐宣王宁愿自损形象，把自己说成是一个贪财、好色、脾气暴躁的君主，也不愿意接受孟子的主张，足见孟子思想在当时的君主那里的处境是多么艰难，也是多么无奈。而我们不禁也要为孟子的锲而不舍而鼓掌！正是他的锲而不舍，他的王道、仁政这一超越时空的伟大理想才能薪火相传，成为古代中国儒家知识分子、心怀百姓的政治家心中理想政治的一面旗帜、抗衡暴政的精神支柱。

关注民意

孟子来到齐国已有一段时间了，一方面，他利用见到齐宣王的机会尽可能地宣传自己的思想，希望齐宣王能接受，同时他也在观察齐国的政坛，他发现活跃在齐国政坛上的大臣多是平庸之辈。一个没有杰出人才支撑的国家，是走不了多远的。

前面几次与齐宣王的交谈，孟子谈到了要保民而王、与民同乐、与民同忧、与民同之，更多地是强调对民的关怀，如与民恒产，减轻赋税以减轻百姓的负担，百姓的教育等等，关于人才问题孟子只字未谈，因为孟子还不清楚齐国官员队伍的情况。不了解事实，就没有发言权。当他掌握了齐国官员队伍的实际情况之后，他觉得他应该对齐宣王说出自己的看法，因此孟子专门拜见齐宣王谈起了齐国的人才问题。

他对齐宣王说："我们平常所说的历史悠久的国家，不是说这个国家有年代久远的高大树木，而是说这个国家有功勋累世的老臣，人才才是最重要的。大王您身边没有亲信的臣子，过去选用的人才都已经离开了。"孟子的话外音是：齐王你的身边没有一个值得信任而有才能的臣子，所用的都是无能之辈。

齐宣王何其聪明，他听出了孟子的话外音，所以他直接挑明，问："我怎样才能识别哪些人是无能之辈而不用他？"

孟子认为很多情况下，贤能之人可能出身卑微，关系疏远。因此选贤任能，就有可能把出身卑微的人提拔到尊贵者之上，把关系疏远的人提拔到亲近者之上。因此一定用慎重对待，如果用人不当，会遗祸无穷。

至于如何考察人才？就要多听多考察，不能偏听偏信。孟子说："左右亲信说此人不行，不可轻信；各位大夫说此人不行，也不可轻信；如果全国百姓都说此人不行，然后对他进行考察，发现他确实不行，那么就再罢免他。左右亲信说此人该杀，不可轻信；各位大夫说此人该杀，也不可轻信；如果全国百姓都说此人该杀，然后对他进行考察，发现他确实该杀，那么就再杀掉他，这人其实就是被全国人杀掉的，他已成为全民公敌，罪有应得。"

其实，民不仅仅是需要关怀的弱势群体，他们也有强势的一面，比如对人和事的看法和意见，有时比当政者看得更远、更清楚，群众的眼睛是雪亮的，所以应当重视民意，无视民意，就会搬起石头砸自己的脚，孟子深刻地认识到这一点。

不动心

孟子与齐宣王初期的交往还是比较融洽的，尽管齐宣王认为孟子思想在当时的社会难以实行，因而对孟子的思想爱不起来，但是也不得不佩服孟子的远见卓识以及孟子的善辩，而且孟子在当时已有很大的社会影响，所以他尊重孟子，想把孟子留在齐国，以此显示他对人才的重视，借此在世人面前把自己塑造成一个胸襟开阔、尊重人才的君主形象，吸引天下更多的人才投奔齐国。

如何把孟子留在齐国？齐宣王决定用官职把孟子拴住，让孟子做齐国的卿相。

不久，齐宣王要让孟子做齐国卿相的消息不胫而走，传到了孟子弟子的耳朵里。这可是一个好消息。想想老师走过的那些国家，有的虽然盛情相待，比如滕国，也只是听议而不用，有的干脆不予理睬，现在齐国要让老师做卿相，真是想也没想到，更重要的是，老师的那些思想主张岂不就有实现的机会了吗？学生们喜不自禁，可是老师是什么态度呢？他动心了吗？

公孙丑代表众弟子前来问孟子。“老师如果官居齐国卿相，能实现自己的抱负，即使成就霸业和王业，也不足为怪。如果是这样，您是否会动心呢？”

孟子的回答是：“不会，我四十岁时就做到不动心了。”

在这里，师徒二人涉及了一个重要概念：不动心。

何谓“不动心”？公孙丑的意思是：老师做了齐国的卿相，责任重大，任务艰巨，而天下人又都不理解你、不接受你，阻力重重，在这种情况下，一般人都会产生畏难、恐惧的情绪而因此动心，老师你是不是也会这样呢？所以“不动心”就是不畏难、不畏惧、不动摇，是勇者品质。

公孙丑听老师说：“四十岁就做到了不动心”，马上盛赞老师远远超过孟贲。

公孙丑把老师孟子与孟贲相比，孟贲是何许人物？他是古代著名的勇士。《吕氏春秋》《说苑》都有关于他的事迹的记载。《吕氏春秋·必己篇》有这样一段记载，描述了孟贲之勇：孟贲过河，他大瞪双眼看着船上的人，怒目圆睁，头发都立起来了，一船人看见他如此凶悍的模样，惊骇恐惧，直吓得掉落水中。《说苑》对孟贲之勇的描述是："孟贲水行不避蛟龙，陆行不避虎狼，发怒吐气，声响动天。"从上面两段描述中可以看出，孟贲实际是一个鲁莽、蛮横的勇夫！

所以孟子听到公孙丑把自己比作孟贲，就说："这个不难，告子能够做到不动心比我还早呢？"意思是：如果是孟贲式的"不动心"，那告子比我还先做到呢！孟子这个回答其实有两个暗含之义：一是责怪公孙丑并没有真正理解自己的"不动心"；二是自己不仅不屑于孟贲之勇，而且也有点瞧不上告子。

公孙丑听出老师的暗含之义，所以他有两个问题要问老师，第一个问题是：老师说自己四十不动心，那么如何做到"不动心"？有什么具体的办法吗？第二个问题是：孟子既然提出了告子也做到了"不动心"，那么，孟子的"不动心"与告子的"不动心"有什么区别？

(1)"不动心"之道

孟子先回答了公孙丑的第一个问题。他肯定可以通过一定的方法做到"不动心"，这个方法就是平时注意勇气的培养，但是培养勇气的方法有高下之分，因而"不动心"的境界同样也就有高下之别。

孟子以当时号称勇者的北宫黝、孟施舍、曾子三人为例说明培养勇气的方法是存在差异的。三人当中，曾子是孔子的学生；北宫黝、孟施舍二人，现在已不知他们的详细情况，不过在当时一定很有名，不然孟子不会以他们为例。孟子详细比较了三人"养勇"的方法。

北宫黝培养勇气的方法是：肌肤被刺不退缩，眼睛被刺不眨眼；别人动了他一根毫毛，他便看作如在大庭广众之下被人鞭打一样；他既不能忍受普通平民的侮辱，也不能忍受大国君主的欺压；他把刺杀大国君主，看成和刺杀普通平民一样；他不害怕君王，谁骂他一句，他就一定会回敬回去。孟子认为北宫黝养勇，不问是非，不受纤芥之辱，一味凭恃勇力，不畏强敌，遇事以必胜为主，无往而不惧，这只是匹夫之勇。

孟施舍培养勇气的方法，用他自己的话来说就是：我对待不能战胜的敌人，跟对待能够战胜的敌人一样。如果先估量敌人的力量才前进，先考虑胜败才交锋，这种人若遇到数量众多的军队一定会害怕。我哪能一定打胜仗呢？不过是无所畏惧罢了。孟子认为，孟施舍养勇，注意内心的支持，遇事不求必胜，只求内心无惧。虽然与北宫黝相比难分高下，但孟施舍能够注意到内心无所畏惧，则比较简易可行。因为一个人拳头的力量有时不一定能强于别人，但是内心的强大是可以自己做主的。孟施舍之勇，凭恃的是志气，而不是力气，不以成败定荣辱，虽败犹荣，因而能在气势上压倒对手。

曾子培养勇气的方法，与前面两人又有不同，因为他努力培养的是孔子所说的“大勇”。具体表现是：“自反而不缩，虽褐宽博，吾不惴焉；自反而缩，虽千万人，吾往矣。”意思是说：反躬自问，正义不在我，对方纵是卑贱之人，我也不去恐吓他；反躬自问，正义确在我，对方纵是千军万马，我也勇往直前。也就是说，所谓大勇，就是以理为是非标准，以正义为支撑的无所畏惧。

相比之下，北宫黝养勇只求必胜，他所培养的是不甘受辱、睚眦必报、无所畏惧的意气，是莽夫之勇；孟施舍养勇只求无惧，藐视敌人，培养的是勇往直前、无所畏惧的盛气；而曾子培养的勇气，则是以正义为支撑的无所畏惧的豪气，因而只有曾子的“不动心”是洋溢着正义光辉的大勇。孟子赞赏曾子的养勇之法。

所以孟子所说的“不动心”，是经过修养身心而达到的以道德力量为支撑、以正义原则为坐标的无所畏惧、勇于担当、坚定刚毅、毫不退缩的心理状态和精神境界，绝对不是孟贲式的“莽夫之勇”。

(2) 告子的“不动心”

告子是战国时期学者，与孟子就人性问题有过热烈讨论。

告子的不动心是：对对方语言中的意思有弄不清的地方，不要再在心中反复琢磨；对于某事的道理没有弄清楚，不要再去求助于意气。也就是不论遇到什么情况，自己的内心都不为之所动，不受外界任何因素的困扰，始终保持内心的坚定。

告子的“不动心”其实是一种僵硬的机械的“不动”，只求“不动”，没有是非标准、道德原则的衡量。

对于告子的不动心，孟子作出了一分为二的判定。

孟子肯定告子对于某事的道理没有弄清楚、不求助于意气的方法是对的。因为“志，气之帅也；气，体之充也。夫志至焉，气次焉。”志统帅气，气充满人的身体；志到哪里，气也到哪里。人都有思想意志，也有意气情绪。尽管思想、意志主导着意气情绪，但是意气情绪盛时也会影响思想、意志。孟子认为，人不能让意气情绪成为脱缰的野马，失去应有的理智，而应该让思想意志主导意气情绪。所以他赞成告子“对于某事的道理没有弄清楚，不求助于意气”的做法。人始终要“持其志，无暴其气”，也就是坚定自己的意志，不要滥用意气情绪，被意气情绪所左右。

然而对于告子弄不清对方语言的意思，就不再在心中反复琢磨的方法，孟子则不同意。因为不明白对方所说，说明自己的知识、德行修养不到家，恰恰是应该反省检讨，努力改进的。

养浩然之气

想必经过孟子耐心详细的解释，公孙丑明白了“不动心”的种种不同，也明白了老师即使真做了齐国的卿相，也确定是不会动心的。

那么除了“不动心”，老师还有什么特长是别人所不具备的？于是公孙丑就问孟子：“老师您擅长什么？”

公孙丑这一问的更深层意思是：老师如果做了齐国的卿相，你能做好吗？毕竟孟子没有从政的经验。这既有公孙丑的担忧，也有公孙丑的期待。

孟子的回答是：“我知言，我善养吾浩然之气。”

北宫黝、孟施舍、曾子等养的是勇气，孟子不同于他们，他所养的是“浩然之气”。“浩然之气”到底何所指？孟子回答：“很难说得清楚。”不过他还是尽力对他的学生进行了详细的描述：这种气，至大至刚。用正直、正道去培养，不受损害，就会至大，而充塞于天地之间；至刚，而坚而不克。它是与道义相结合的产物，如果失去道义，那么就会软弱无力。

“浩然之气”的培养，是“集义”所得。“集义”，即经常行义，一点一滴，长期积累，持之以恒，久而久之，“浩然之气”就会自然而然地由内心生出，不会有丝毫的勉强，偶然的正义行为不可能使人获得“浩然之气”。

需要注意的是，培养“浩然之气”，既不能“揠苗助长”，强求速成，也不能认为无益而放弃不做。从前有个宋国人，担心他的禾苗不长，就把苗拔高了，他拖着疲惫的身子回到家里，对家人说：“今天累坏了！我帮助禾苗长高了。”他儿子听后跑到田里一看，禾苗全枯萎了。禾苗的生长有其自身的规律，违背了禾苗生长的规律，就不会有收获；必须按照禾苗生长的规律，帮助禾苗自然生长。同样，“浩然之气”的培养也是如此。

“浩然之气”就是以道德之善为基础，处于高尚道德境界所具有的刚直不阿、坚忍不拔、坚持真理、大义凛然、无所畏惧的主观精神状态和外显心理意志气象，或者说，“浩然之气”是以内在道德之善作支撑而表现出的一种精神力量，是由“集义”而来，由人心自然生发出的正气、骨气，它既不是自然界的天地之气，也不是人体内的阴阳之气，而是一种道德精神，刚正的气节、正派的作风。人有“浩然之气”，则可以立于天地之间而无惧、无愧，是顶天立地的大丈夫。

孟子“浩然之气”论受到后人极大推崇，认为孟子提出的“浩然之气”发孔子所未发，是孟子对孔学的一大贡献。程颐就说：“孟子性善、养气之论，皆前圣所未发。”又说“孟子有功于圣门”，“浩然之气”便是其功之一。他说：“仲尼只说一个志，孟子便说出许多养气出来。”所以他提出：“《孟子》‘养气’一篇，诸君宜潜心玩索。须是实识得方可。”（《二程集》）

知言

“知言”是孟子自述的第二特长。“知言”就是善于分析别人的言辞，前面孟子批评了告子“不得于言，不求于心”的做法，因为告子“不得于言，不求于心”，实际就是因为德识有限而弄不清楚别人言论的是与非、善与恶，就是不“知言”。

孟子“知言”的具体表现是什么？“诐辞知其所蔽，淫辞知其所陷，邪辞知其所离，遁辞知其所穷。”意思是：听到偏颇的言辞，知道哪里片面了；听到过分的言辞，知道哪里失实了；听到邪僻的言辞，知道哪里背离正道了；听到躲闪的言辞，知道哪里理屈词穷了。“知言”实际就是辨别言辞是非善恶的能力，而要具备这种能力必须心中先立有正确的是非标准。

孟子认为不能小看那些偏颇的、过分的、邪僻的、躲闪的言辞。言为心声，言论不正确，必然思想有错误，错误的思想言论必然会对国家政治产生严重的危害。孟子说：“生于其心，害于其政；发于其政，害于其事。”

孟子确实也是知言的。他之所以善辩，就是他能发现别人言辞当中的错误，把对方驳得无力招架。这些我们在孟子与梁惠王、齐宣王、宋牼、戴不胜等人的交谈当中已多次看到。

孟子对学生错误言论的批评也可以看出他的“知言”本领。孟子的学生彭更对孟子率领一大帮弟子辗转诸侯各国，毫不客气地接受诸侯们的盛情款待，感到不满。有一次，他坦率地对孟子说：“您这样做，无功受禄，实在有点过分了。”

彭更解释自己的理由是：“读书人什么都不干却白吃人家的，是不可以的。”

孟子指出，社会上有不同的行业、不同的分工。农民种地、妇女织布、木匠打家具、车工造车。如果他们都不交换各自的产品，社会将会出现严重的问题。一方面，农民有剩余的粮食，妇女手中有剩余的布匹；另一方面，木匠、车工等其他行业的人却缺衣少吃，所以各行各业只有互相交换劳动产品，社会才能正常有序发展。农民、木匠、车工等是以体力劳动换得食品，读书人是以其精神劳动换得食品，没有什么不合理的。孟子和他的学生就是如此，他们宣扬仁政、王道，为社会贡献精神财富，接受诸侯们的盛情款待，理所应当。所以孟子说：“非其道，一箪食不可受于人；如其道，则舜受尧之天下，不以为泰。”要是不合理，就是一筐饭也不可以接受；要是合理，就是舜接受尧的天下，也不算过分。

孟子指出，彭更此言的错误在于他片面地以为只有体力劳动才是在为社会做事。他不知道为社会做事是分体力劳动和脑力劳动的，这是社会分工的不同。

彭更还不服气，他说：木匠、车工，他们的动机就是解决吃饭的问题，君子学道难道也是为了解决吃饭的问题吗？彭更有此一问，是因为儒家强调“君子志于道”“君子谋道不谋食”。

孟子听了此话，觉得简直是既可气又可笑。彭更显然只是片面地凭人的动机来判断是非；而有时动机虽好，效果却相反。他打了个比方：“如果有个人，干活时打碎屋上的瓦，在新刷的墙上乱涂，他的动机是为了弄碗饭吃，那你给他吃吗？”

彭更说：“当然不给。”

孟子说："那你就不是根据动机，而是根据功绩了。"

孟子抓住了彭更只讲动机不顾效果的片面性，用形象的比喻，揭示了彭更言论的错误所在。君子固然应该"谋道不谋食"，但社会不能因为君子志不在食，就不给或少给他们应得的报酬，而应该根据他们对社会的实际贡献付给相应的报酬，这才是天下正道。

愿学孔子

公孙丑听到孟子称自己擅长养浩然之气，还擅长知言，可是连孔子都称自己在"知言"方面不擅长，孟子两者兼有，那么孟子一定可以称得上是圣人了吧？他心里产生了这种想法，他问孟子：老师你既善养浩然之气，又知言，那么老师已经是圣人了吧！

孟子呵斥公孙丑："你这是什么话！孔子为人，既仁且智，可是圣人的称号，孔子却不敢自居。"意思是，孔子都不敢称自己是圣人，自己不如孔子，怎么能说自己是圣人。显示了孟子对孔子的尊重。

既然老师说自己不是圣人，也不及孔子，那么老师到底和哪一类人接近？公孙丑问："过去我听说，子夏、子游和子张都各有孔子一方面的长处，冉牛、闵子和颜渊大体接近于孔子，但都比不上他博大，请问老师自居于哪一类？"也就是说：老师是子夏、子游和子张这一类型的人呢，还是冉牛、闵子和颜渊这一类型的人呢？

孟子回答：暂且不谈这个。显然子夏、子游和子张，冉牛、闵子和颜渊都不是孟子的心中偶像。孟子不愿意跟他们比，孟子既不愿做子夏、子游和子张这一类的人，因为他们只具备孔子的一部分长处；也不愿意做冉牛、闵子和颜渊这一类的人，因为他们的德行、学识只是大体接近孔子。

跟随孟子多年，公孙丑还是听出了孟子的心声，老师不愿意做子夏、子游和子张，也不愿意做冉牛、闵子和颜渊。那么历史上著名的伯夷和伊尹，老师是否愿意学习他们呢？

孟子对伯夷、伊尹非常尊重，对他们进行过仔细的研究，指出他们与孔子一样都是圣人，但是各自的处世之道并不相同。

伯夷的处世之道是：眼睛不看丑恶的东西，耳朵不听丑恶的声音；不是他认可的君主不事奉，不是他认可的民众不使唤；世道太平就出来做官，世道混乱便退而隐居；暴政所产生的地方、暴民所住的地方，他不居住；与乡下人在一起，就像穿着礼服、戴着礼帽坐在污泥和炭灰上一样别扭；在商纣王的时候，他隐居在北海边，等待天下太平。孟子称赞伯夷，认为伯夷的风尚，可以使贪者变廉洁，使怯懦的人有自立的意志。

伊尹的处世之道是：什么君主都可以事奉，什么百姓都可以使唤；世道太平出来做官，世道混乱也出来做官，并且说："上天降生这些百姓，就是要使先知帮助后知，使先觉悟的人帮助后觉悟的人。我就是百姓当中先觉悟的人，我有责任帮助百姓。"他认为天下百姓中哪怕有一个男人或女人没有享受到尧舜之道的恩泽，就如同自己把他们推进沟中一样。孟子称赞伊尹自愿把天下的重担压在肩上，是一个以天下为重的人。

除了伯夷、伊尹，柳下惠也很受孟子的尊重，孟子称他也是圣人。柳下惠的处世之道是：不以事奉肮脏的君主为耻，不嫌弃小官；进入朝廷不隐瞒自己的才干，按原则办事；不被上面任用无怨言，困于贫穷不忧伤；与乡下人相处，悠然自得不忍离去，并且说："你是你，我是我。哪怕你在我旁边赤身露体，你又怎么能玷污我呢？"孟子认为柳下惠的风操可以使心胸狭隘的人变得襟怀宽大，刁钻刻薄的人变得厚道。

孟子总结孔子的处世之道是：应该做官就做官，应该退隐就退隐；应该长久就长久，应该短暂就短暂。他决定离开齐国的时候，米都已经泡上了，他捞起来不等水沥干就走；离开鲁国的时候，他却说：我们慢慢走吧，因为这是自己的祖国。

伯夷、伊尹、柳下惠、孔子都是圣人，孟子认为这四位圣人，如果给他们方圆百里的土地，让他们当君主，他们都能做到使诸侯来朝见，统一天下。但是要他们做一件不合理的事情、杀一个无辜的人来得到天下，他们都是不会干的。

这四位圣人都很了不起，但是孟子最愿意学习的圣人是孔子。孟子说："乃所愿，则学孔子也。"因为孟子认为伯夷、伊尹、柳下惠固然是圣人，但他们也有不足，失于一偏，拘泥、固执于一端。伯夷是圣人中的清高者；伊尹是圣人中的尽责者；柳下惠是圣人中的随和者；只有孔子是圣之时者，是圣人中的合时宜者，他审时度势，因时而动，集圣人之大成。

孔子不仅是四位圣人当中的集大成者，而且也是自有人类以来最出类拔萃者。孔子与百姓相比，就像麒麟相对于走兽，凤凰相对于飞鸟，泰山相对于土堆，河海相对于路上的小水坑。"自生民以来，未有盛于孔子者也。"自有人类以来，没有哪一个能像孔子那样伟大的人。在这里，孟子把孔子推到了无比崇高的地位，孔子甚至比尧、舜都要伟大。可见，孔子在孟子心目就是凤凰、泰山、大海，所以孟子既不愿做子夏、子游和子张，不愿做冉牛、闵子和颜渊，也不学伯夷、伊尹，而是要学孔子，而且要学的是孔子的全部。

以上从"不动心"到"愿学孔子"几节的内容都在《孟子·公孙丑上》的第二篇中，这是《孟子》一书中的又一长篇，也是非常重要的一篇，受到历代学者尤其是宋明理学家的重视。因为孟子的重要观点"不动心"、"养浩然之气"、"志""气"关系、"知言"、"圣人"之道等在这里出现。汉语当中的一些成语，如浩然之气、揠苗助长、出类拔萃也出于此篇。

这篇内容实际是在孟子有可能担任齐国卿相的时候，学生对孟子能否胜任这一职务在德行、能力方面的考量，也有孟子的自我审视。考量和审视的结论是：孟子有临大事而"不动心"的气概、"浩然之气"的崇高精神境界、知言的能力，虽然还不能称为圣人，但学习孔子是孟子一生追求的目标。孟子自信在德行上是能够胜任，而做大事者先要有高尚的德行。

王顾左右而言他

齐宣王准备让孟子做齐国的卿相，果然不久孟子就真的做了齐国的卿相，虽然职位很高，然而这不过是一个虚职，齐宣王并没有给予孟子实际权力。对孟子非常尊重的滕文公去世了，齐宣王派孟子做正使，率领慰问团吊丧，但是又把自己的心腹王欢派去给孟子做副使，明摆着是对孟子不放心。而王欢仗着齐宣王的宠爱，所有的事情都自作主张，独断专行，根本不向孟子请示，也不同孟子商量。

这件事情让孟子认识到齐宣王让自己做卿相，不过是些表面文章。自己在齐宣王那里，不过是装饰门面的幌子而已。这时的孟子面对齐宣王就不再客气，也不留情面了。

孟子问齐宣王，如果齐国有个人在去楚国游玩之前，将自己的妻子儿女托付给了自己的朋友，可是这位朋友却辜负了他的信任，让他的妻子儿女挨冻受饿，如果齐国刑狱长官管理不了自己的下属，对于这种辜负朋友之托的无信之徒和无能的刑狱长官应该如何处置？齐宣王的回答是：与无信之徒绝交，罢免无能的刑狱长官。孟子又进一步问，如果一个国君不能治理好自己的国家，又当如何处置？问得齐宣王“顾左右而言他”，非常尴尬。显然孟子把齐宣王比作了负友之托的无信之徒和治事无能的“士师”。因为在孟子看来，齐宣王不实行仁政，不能使齐国“王天下”，就是没有把国家治理好。孟子虽为客卿，终属齐王臣下，然而孟子竟然把齐宣王比作负友之托的无信之徒、无能的“士师”。齐王的尴尬，衬托出了孟子强烈的情感、率真的个性和凌人的气概。

国君可废

如果说前面齐宣王对孟子还很尊重，那么在进行了下面一次交谈后，他对孟子的态度就变得敬而远之了。

齐宣王也许是对孟子一直不听自己的话，且在做了卿相以后，还经常以老师的口吻教育自己感到不满。因此，有一次见到孟子，就盛气凌人地问孟子：“作为一个卿应该怎样做，才算合格？”暗含谴责孟子没有尽到做臣子的礼数的意思。

结果孟子不慌不忙地说：“大王问的是哪一种卿呢？”

宣王很意外，说：“卿还有不同吗？”

孟子说：“当然有不同啊！因为有王室宗族的卿，有与王族不同姓的卿。”

宣王说：“那我请问王室宗族的卿？”

孟子答道：“国君有大过就劝谏；反复劝谏而不听从，便改立国君。”

宣王听到孟子说王室宗族的卿可以改立国君，突然变了脸色，青一阵白一阵，或许还惊出一身冷汗。

孟子见后，仍然不慌不忙地说：“大王不要奇怪。大王问我，我不敢不以实话相告。”

宣王的脸色这才恢复了平静，然后又说：“请问与王族不同姓的卿应该怎样做？”

孟子说：“国君有过错就劝谏，反复劝谏而不听从，就离职而去。”

这一段对话非常精彩，活像一台精彩的独幕话剧：齐宣王一开始盛气凌人，后来脸色大变、惶恐不安，再后是脸色平静；齐宣王一开始“问”孟子，到后来“请问”孟子，再“请问”孟子；孟子短短的几句答语，牵动齐宣王的情绪起起伏伏，让齐宣王的态度由倨傲变为谦恭，而孟子却始终淡定自若。我们不仅要为记录者绝妙的文才喝彩，也要为孟子的不卑不亢鼓掌。

西周时期，周天子控制着诸侯，诸侯的改立由周天子决定，然而在春秋战国时代，周天子名存实亡，管理不了诸侯，所以孟子提出由王族贵戚废除昏君，因为王族贵戚与国君是有血缘关系的公卿，为了祖宗的基业，他们可以这样做。而与国君没有血缘关系的公卿，因为关系疏远，虽不具备这种权力，但是也没有必要永远守在屡教不改的昏君身边，为他们效忠，他们可以选择离开。这也是孟子的心声，我与你齐宣王非亲非故，虽然现在是你的卿相，但是你不听我劝，我孟子同样可以选择离开。

此次谈话之后，齐宣王不满于孟子的“改立国君”论，齐宣王与孟子之间的融洽关系荡然无存了。

汤武革命

由于对孟子的“改立国君”论耿耿于怀，齐宣王出了一道难题，存心刁难孟子。

齐宣王问孟子：“商汤流放夏桀，武王诛伐商纣王，有这回事吗？”

孟子回答：“在古书上有这样的记载。”

齐宣王说：“臣子杀掉他的君主，可以吗？”

显然齐宣王的问题火药味很浓。齐宣王认为，既然儒家重视礼，讲究尊卑长幼的秩序，不能以下犯上，商汤和周武王都做出了冒犯他们君主的事情，尤其是周武王还把他的君王逼死了，就是以臣弑君，可是儒家却一直盛赞商汤、周武王为圣王，这不是自相矛盾吗？儒家的眼中还有没有君王的威严，难道他们要鼓动人们造反吗？

这其实也确是一个两难的问题：如果承认商汤流放夏桀、周武王伐商纣王是正确的，那么就无异于承认臣能以下犯上；如果认为他们的行为不对，那么又如何解释儒家一直以来对他们的推崇？

可是孟子的回答出乎齐宣王的意料，孟子说：“损害仁的人叫作贼，损害义的人叫作残，残贼之人，叫作独夫。我只听说周武王杀了一个独夫纣，没有听说过杀掉君主。”

孟子认为周武王杀纣，是因为纣为非作歹，残害百姓，已成为独夫民贼，这种人即使坐在君王的座位上，也已失去了君王的资格，所以周武王杀纣，是诛杀独夫民贼，为民除害，不是弑君。孟子赞成汤武革命，主张诛杀独夫民贼，说明他既赞同儒家的尊君观，肯定臣不能以下犯上，不能弑君；但是孟子也赋予了人们反抗暴君、起来革命的权力。孟子这一思想比孔子走得要远得多，孔子不可能说出如此大胆而又激进的话语，这是孟子超越孔子的重要地方。

孟子的这种观点，齐宣王听来当然很刺耳。按照孟子的观点，说不定哪天自己也会被臣下当作独夫、暴君而被放逐，甚至杀掉，想想都很可怕，眼前这个孟老头实在让人头疼，离得越远越好。

齐宣王当时听到孟子的这段话感到刺耳，后来的君王看到孟子这段话则是觉得刺眼。朱元璋看到后，就大为恼火，他大发雷霆，下令把《孟子》中类似的话语删除。由此我们看到，孟子的诛杀暴君的思想实际成为悬在封建专制极权之上的一把利刃，随时可能掉下来斩断君王们的为所欲为，所以才惹得后来的君王打心眼里不喜欢。

伐燕争端

(1) 燕国该伐

公元前315年，也就是齐宣王五年，时值战国中期，出了一件大事：齐伐燕。

齐人之所以伐燕，是因为这一年燕国发生了内乱。当时的燕王子哙听从佞臣的建议，效仿尧、舜禅让，把他的王位让给了国相子之。燕国人不服，国内发生了动乱。

燕国紧挨着齐国，燕国发生了内乱，一心想扩张领土的齐宣王认为这是天赐良机，此时不打，更待何时？他想趁机攻打燕国，于是让群臣讨论。但是在当时的特殊环境下，齐国如果攻打燕国，其他诸侯国不会坐视不管，最后的结局难以预料，所以群臣争论不下，齐宣王也犹豫不决。齐宣王就派一个叫沈同的人，以个人身份悄悄去问孟子：“可以讨伐燕国吗？”

孟子说："可以啊！因为子哙不能擅自把燕国交给他人，子之也不能擅自从子哙那里接受燕国。就像有一人，你很喜欢他，就不向国君请示，便把自己的俸禄和官爵私自让给他；而那个人呢，也没有得到国君的许可，就私自接受了你的俸禄和官爵，这样做行吗？"孟子的意思是，国君的位置、国家的权力不能由个人私自做主，给谁不给谁，必须征得国人的同意和接受，现在燕王擅自把国君的位置让给子之，实属无道之举。对于燕王的无道，是可以讨伐的。

聪明的读者可能已经注意到沈同在这里问的是："燕国可以讨伐吗？"他没有问"齐国可以讨伐燕国吗？"因此孟子的回答是："可以讨伐燕国。"孟子没有说："齐国可以讨伐燕国。"

可是齐宣王听了沈同的报告，却误以为孟子同意齐国讨伐燕国，而且认为连一直坚持反对武力征服的孟老夫子都认为可以讨伐燕国，可见这燕国确实该打，于是就不再犹豫，断然出兵燕国，燕国几乎无人抵抗，齐国大获全胜。

齐国打败燕国的消息传来，有人去问孟子："听说你曾劝齐国讨伐燕国，有这回事吗？"

孟子说："没有。当时沈同确实来问过我燕国可以讨伐吗，我说：'可以。'于是他们就这样去攻打燕国了。可是如果他再进一步问：'谁可讨伐燕国？'我就会说：'只有符合天意的有德者才可以去讨伐。'就好比是一个杀人犯该杀，但不是随便哪个人都可以去杀掉这个杀人犯，只有狱官才有资格。现在齐国与燕国同样无道，齐国讨伐燕国，就是以暴伐暴，齐国没有资格讨伐燕国，我怎么会劝齐国讨伐燕国？"

也就是说，无道之国、无道之君应该讨伐，但是讨伐者必须是有道者、有德者，能够拯救那里的百姓，否则就可能是打垮了一个无道之君，又引来了一个新的无道之君，就等于是赶走了狼，却引来了虎。

可见，孟子反对武力征服，反对战争，但是他不是反对所有的战争，他支持救民于水火的仁义之战。

（2）撤出燕国

齐国轻而易举打败了燕国，齐宣王非常高兴，这个时候就是否吞并燕国出现了两种意见，有的人主张吞并，有的人极力反对。

齐宣王拿不定主意，他对孟子说："我们如此容易就拿下了一个强大的燕国，一定是天意，不吞并燕国，对不起上天，上天一定会惩罚的。"

齐宣王搬出了天意，孟子则捧出了民意，孟子说："如果吞并燕国，燕国民众高兴，就吞并；如果燕国民众反对，就不吞并。"孟子并没有说齐国该不该吞并燕国，只是强调应该以燕国民众的态度来决定。可见在国与国的争斗中，孟子看重的不是国的存亡，而是百姓的生死和意愿，百姓的幸福和安危是判定战争是否正义的标准。而只有民心所向，国家才能真正立于不败之地。

齐宣王实在舍不得到嘴的肥肉，他才不管燕国百姓高兴不高兴呢，最终齐国吞并了燕国。不久传来了不好的消息，其他诸侯国看到齐国吞并了燕国，非常不满，准备联合出兵对付齐国，营救燕国。

齐宣王听到这一消息，很着急，就来问孟子的看法。孟子说："燕国的百姓本来以为齐国是来救他们的，所以他们带着饭菜、酒浆前来迎接你们，可是你们却杀掉他们的父兄，掳走他们的子弟，抢走他们的宝器，这他们能答应吗？另一方面，其他诸侯担心本来就很强大的齐国吞并燕国之后会变得更加强大，会对他们造成严重威胁，所以他们是不会坐视齐国吞并燕国的。齐国既得不到燕国百姓的支持，又要面对诸侯联军，胜算不多，因此，您应该赶快下令，释放掳来的燕国的老老小小，停止搬运燕国的宝器，与燕国人商议，立一位新的燕王，然后撤出燕国，这样做或许还能阻止其他诸侯兴兵讨齐。"

可惜齐宣王没有听从孟子的建议，后来应验了孟子的话，燕国人不满意齐国实行的军事统治，起来反抗，推翻了齐国对燕国的军事统治。齐宣王后来想起孟子对自己的劝告，感到很惭愧。他把这一想法告诉了大臣陈贾，陈贾不仅没有劝说齐宣王反省检讨自己的错误，反而对齐宣王说：“连圣人周公都犯错误，何况是您呢!”

孟子知道后，不由得慨叹：“古代的君子，有了过错，知错必改；今天的君子，有了过错，竟将错就错。古代的君子，他的过错，像日食、月食一样，老百姓都能看得到，当他改正的时候，百姓都抬头仰望他们、尊敬他们；今天的君子，不但将错就错，而且还为自己的错误编造借口来辩护。”

不做冯妇

经过上面几次与孟子不愉快的谈话，加上伐燕事件没听从孟子的劝告，事实又证明孟子的劝告是正确的，齐宣王觉得不好意思再见孟子。另一方面也觉得孟子的思想与他称霸天下的想法根本不是一路，尤其是孟子诛伐暴君的思想让齐宣王心里堵得慌，所以他开始疏远孟子，敷衍孟子。

有一次，齐宣王与孟子已约好了要见面，可是后来却推托自己得了寒疾，不能吹风，让孟子第二天早晨来见。孟子敏锐地洞察到齐宣王的心机，看出齐宣王的虚伪，直截了当地对来人说，自己也病了，不可能去见齐王。然而第二天早晨，他却精神十足地去东郭大夫家吊丧。对此，他周围的人很是不解，认为孟子不听王命召唤，违背了古礼，不敬齐王。孟子认为在德性与权势之间，德性为重，自己有德于身，无须向权势低头。历史上大有作为的君主，“必有所不召之臣”，对于有德之臣不能随便召唤和驱遣，有事相商都虚心前往求教，所以商汤求教于伊尹、齐桓求教于管仲。齐宣王如果想大有作为，就应首先求教于自己。面对自己寄予很高期望的齐宣王，孟子倨傲地不奉其召，表现出孟子人格的强大和独立。如果君王虚与委蛇，缺乏真诚的尊重，那么此刻更应挺立个人的尊严。孟子的德性为重、权势为轻的思想深深影响了中华民族以德抗势的精神品格。

孟子在齐国待得越久，也就越来越清楚齐宣王不可能真正用他，而且齐宣王身边有王欢、陈贾这样的大臣，想让齐宣王改变想法也很难。孟子准备离开齐国。

当时齐国发生了饥荒，他的学生陈臻说："国人都以为老师将再次请求齐王打开棠地的粮仓赈灾，我觉得恐怕不便再请求了吧。"陈臻很清楚老师与齐王当时的关系，齐王已经开始敷衍、疏远孟子，这个时候，孟子劝齐王开仓放粮，齐王是不可能听的。

果然，孟子说："再这样做就成了冯妇。晋国有个叫冯妇的人善于打虎。后来成了善士，不再打虎了。有一次他去野外，有许多人正在追赶老虎。老虎背靠着山角，没有人敢去碰它。大家看见冯妇，便跑上去迎接。冯妇忘了自己不再打虎了，一激动就捋袖伸臂走下车去。那些打虎的人看见冯妇下车，就如同看见救星，都纷纷上前迎他。可是却被世人讥笑，认为他又重操旧业。"孟子认为齐王既已不愿用自己，应该"知止"，就像孔子一样，可行则行，应止则止，否则就成冯妇了。

孟子不愿做冯妇，其实是向弟子表明不愿再在齐宣王这里浪费时间，他要准备离开了。

毅然离齐

孟子辞去官职准备返回故乡。

齐宣王虽然不喜欢孟子的主张，也在疏远孟子，但是他依然对孟子很尊重，况且孟子在当时的声望很高，这样的人都留不住，岂不有损齐宣王尊重人才的形象？所以他亲自登门见孟子，说："以前我想见你都见不到，后来有幸能在一起同朝共事，我高兴得不得了；现在你又抛下我要回故乡，不知以后我们是否还能相见？"言辞恳切，情真意切。

看齐宣王都说到这个份上了，孟子也不好说什么，只好说："不敢请耳，故所愿也。"意思是：我只是不敢提出这样的要求，其实这也是我的想法。

齐宣王不想让孟子走，他对大臣时子说："我想在国都中心送幢房子给孟子，给他万钟粟米用来养活他的门徒，你去替我劝劝孟子，让他不要走。"看来齐宣王还是不了解孟子的个性，他想用钱财留住孟子。

时子托孟子学生陈臻转告孟子。孟子听后说："假如我真想发财，难道我会辞去十万的官俸却接受这一万钟的赐予吗？"孟子来到齐国本来就是为理想而来，不是为财富而来，理想既不能实现，当然得离开，怎么能为万钟粟米所羁绊。

孟子拒绝了齐宣王的要求，踏上了故乡的归途。途中特地在齐国国都临淄北三十里的昼县住了下来。有个想替齐宣王挽留孟子的人来到这里劝说孟子留下，但被孟子毫不客气地打发走了。

不过孟子在昼县住了三天才走，这引起了一些人的议论。齐国有个叫尹士的人就对人说："不知道齐王成不了商汤、周武王那样的圣君，那就是他孟子缺乏眼力；知道齐王成不了商汤、周武王那样的圣君还来，就是他孟子贪图富贵。大老远跑到齐国来，和齐王的关系不融洽就要走，既然要走，就痛痛快快地走，为什么慢慢腾腾，还在昼县住上三天才走？我对此很不以为然。"

这话传到了孟子弟子高子的耳朵里，他告诉了孟子，孟子说："我不远千里来到齐国，难道愿意离开吗？在昼县住了三天才走，我还觉得快了呢？为什么要在昼县住三天，因为我想或许齐王会改变态度，召我回去，真正用我。如果齐王真正用我，不止齐国百姓能安享太平，天下的百姓都能够安享太平。我天天盼望齐王改变态度，可是齐王并没有来追我回去，所以我才离开了。难道我一定要像那些心胸狭隘的人，国王不采纳自己的意见，就大发脾气，怒容满面，生气地离开，不走到筋疲力尽就不停下吗？”

原来孟子是在等待齐王改变态度，其实也是为自己实现理想等待最后的机会。尹士明白了孟子的良苦用心，因此他说：我真是个小人。

从这件事，我们看到孟子决定离开齐国，其实是个艰难的决定，他很舍不得离开。但是不走，固然有丰厚的俸禄、富贵荣华，可是齐王并不真正采纳自己的主张，理想无法实现，天下苍生依然不得安宁，等于自己是在尸位素餐，这样的富贵是很可耻的。

孟子曾经给他的弟子们讲过一个很有名的故事。

齐国有一户人家，家里有三口人，丈夫、妻子、妾。丈夫每次外出，都一定会吃得饱饱的、喝得醉醺醺的回家。他妻子问他一起吃喝的都是些什么人，他说：全都是一些有钱有势的人物。他妻子便对他的妾说：丈夫每次外出，总是吃饱喝醉后回来，问他同什么人吃喝，他说全都是一些有钱有势的人物，可是我从来没见过什么显贵人物到咱们家来，我准备悄悄地看看他究竟到了些什么地方。

第二天一清早起来，她便尾随在她丈夫身后，走遍城中，没有一个人站住同她丈夫说话。最后一直走到东郊外的墓地，他走近那些祭扫坟墓的人身边，讨吃剩饭剩菜；不够，又东张西望地跑到别处去乞讨了。这便是他吃饱喝足的办法。

他的妻子回到家里，把看到的情况告诉了他的妾，说：“丈夫是我们指望依靠过一生的人，现在却是这个样子！”于是两个人在家中哭着咒骂她们的丈夫，丈夫还不知道，得意扬扬地从外面进来，在妻妾面前摆威风。

用君子的眼光看来，有些人追求富贵的手段，不让他们妻妾感到羞耻的实在太少了。

孟子如果为了个人的荣华富贵而不离开齐国，那么和这个靠讨饭把自己喂得酒足饭饱的齐国丈夫有什么区别？这种可耻的行径孟子不屑做。他要做的是一个为天下苍生谋幸福的、光明磊落、顶天立地的大丈夫。

因此孟子虽然舍不得，最后还是毅然离开齐国了。

不怨天，不尤人

孟子在离开齐国的时候，想到多年的努力毫无效果，理想不能实现，现在自己年事已高，也不可能再出来为理想奔走了，他的心情比较抑郁，脸上的表情也就有些阴沉，他的弟子充虞见后问："老师您曾教导我们无论在什么情况下都要'不怨天，不尤人'，心态平和，可是老师您为什么却做不到呢？"充虞的话既有劝解，也有不解。对此，孟子没有生气，态度温和地说："此一时也，彼一时也。"因为时间不同，情况有了变化，个人心情也就与此前不同了。随后又立即充满豪情地对充虞说："如欲平治天下，舍我其谁也？吾何为不豫哉？"认为自己的理想之所以不能付诸实践，是因为时机未到，而时机不是个人的能力所能左右的，是成之在外者，对于成之在外者，只要自己付出了努力，尽心竭力，至于是否有预期的结果，不必挂怀。

孟子重新整理好自己的心情，以达观的心态看待他这几十年在外的奔波和人生起伏，回到了他久别的故乡。

第5章

退居邹国　授徒著书

公元前312年~公元前304年

回到故乡的孟子已是八十高龄，他在外面奔波了近三十年。年老返乡的孟子并不寂寞，过得很充实。因为他有很多弟子陪伴在身边。

孟子曾说过“君子有三乐”，这“三乐”就是：“父母俱存，兄弟无故，一乐也；仰不愧于天，俯不怍于人，二乐也；得天下英才而教育之，三乐也。”第一种乐是家人平安，天伦之乐，是否得到在于天意；第二种乐是自身修养，良心安然，得到与否在于自我；第三种乐是传道解惑之乐，实现与否，既在于自我，也在于他人。

孟子以教育学生为乐，因为在孟子看来，教育学生的过程，不仅是传授知识的过程、培养人才的过程，而且也是传播理想的过程。自己的理想不为这个社会所接受，但是可以通过学生带到各地，传播开来。

从《孟子》一书中我们看到，孟子除了与他所见到的王公大臣交谈，更多的是与他的学生在一起交流谈心。他们在一起谈人生，谈理想，谈处世之道、学习之道，甚至孟子有些个人委屈也向他的学生倾诉。比如，当时有人批评孟子“好辩”，与战国纵横家辩士没有什么不同。孟子感到很冤，就对学生公都子说：“我难道喜欢辩论吗？我是不得已啊！人类社会的历史很久了，但总是时而太平，时而混乱，每到混乱时期，必须有圣人出来匡扶正道，拯救万民，天下才能重归太平。尧、舜、禹、商汤、周武王、周公、孔子就是这样的人，他们或是带领百姓战胜自然灾害，或是诛杀暴君、扫除边患，或是扬善惩恶而使乱臣贼子惧，他们尽自己的能力为社会的太平、安定而努力。我们现在生活的时代是一个没有圣王、诸侯横行无忌、各种异端邪说甚嚣尘上的时代，仁义被阻塞，孔子之道被挤压，百姓被邪说蛊惑，黑白莫辨。为了捍卫圣人之道，孟子我有责任出来批判这些错误言论，所以我不得不与人辩论。”

如果没有学生，孟子恐怕永远没有机会为自己“好辩”正名，洗刷冤屈。学生们有了问题，只要来问，孟子一般都是知无不言，有问必答的。这些在前面已有多处言及。

因为孟子以教育学生为乐，所以他接收学生的原则就是“来者不拒，去者不追”，愿意来学习的从不拒绝，但是来了又要走的，孟子也从不追回。虽然孟子从不拒绝来学习的学生，可是有一类学生，孟子是不收的，就是那些摆谱、不谦虚、没有诚意的人。

滕君的弟弟滕更，孟子就曾拒绝教他。为此，公都子还为滕更打抱不平，他问孟子：“滕更在您这儿，您应该对他以礼相待，可是他来问问题，为什么您却不回答他呢？”孟子说：“仗着权势来问，仗着才干来问，仗着年长来问，仗着有功来问，仗着交情来问，我都不回答。在这五条之中，其中滕更占了两条，所以我不回答。”也就是说，凡是来学习的学生，必须要有学习的诚意，那么就应该尊重老师，无论有多重的权势、多大的才干、多高的功劳，也无论有多年长，学生就是学生，老师就是老师。孟子这一原则应该也是多年教育经验的总结，固然是在维护师道尊严，实际也符合学生的学习心理，因为学生如果不尊敬老师，老师教得再好，这样的学生也是学不好的。

孟子还有一个特殊原则：“予不屑之教诲也者，是亦教诲之而已矣。”就是我不愿意教育他，也是一种教育。这种特殊的教育原则就是针对滕更这样的学生来讲的。如果聪明的话，老师如果不教育你，你就应该反省自己有什么让老师不满意的地方，通过反省能够认识到自己的不足，未尝不是一种收获。

孟子在弟子面前从不掩饰自己的情感。乐正子是孟子比较喜欢的弟子，然而对乐正子，孟子也曾经怒形于色。前面曾言及孟子对齐王的宠臣王欢十分不屑，而乐正子曾经作为王欢的属员，陪同王欢出行。自己的弟子与小人王欢为伍，孟子的心中本已不快，而且，乐正子陪同王欢到齐国的第二天才去拜见孟子，更让孟子气恼。所以第二天，乐正子来见孟子时，孟子就没有给乐正子好脸看，言语之间，对乐正子非常不满。《孟子·离娄上》非常生动地记录下了这一幕：

孟子说：“你也来看我吗？”乐正子说：“老师为什么说这样的话呢？”孟子说：“你来几天了？”乐正子说：“昨天才来。”孟子说：“既然是昨天来的，那么我这样说话不也应该吗？”乐正子说：“昨天我的住处还没有找好。”孟子说：“你听说过有把住处找好才去拜见长辈的道理吗？”乐正子说：“我错了。”

乐正子来见老师，进门看到的是老师面沉似水，听到的是老师呛人的不满，这让兴冲冲而来的乐正子如坠云雾之中，究其原因，不过是因为自己没有在来的当天拜见老师，惹得老师大不悦。从这一问一答之间，孟子对乐正子的关心与怨怼也非常鲜明地体现出来，而后面一段斥责乐正子是为了吃喝而跟随子敖，完全近于父母对于孩子不择言词的责骂了。无论是喜爱还是不满，孟子都没有对自己的情绪进行丝毫的掩饰。

这就是真实生活中孟子非常率真的一面。

孟子的教育观

孟子在多年的教育实践中，还总结了一套在今天看来仍有价值的教育方法。

就教师而言，要做到以下几点：

首先，教育学生树立远大的目标。

“孔子登东山而小鲁，登泰山而小天下，故观于海者难为水，游于圣人之门者难为言。”（《尽心上》）目标远大，才能有大的胸怀、不凡的建树。孟子为他学生定的目标是成贤、成圣，尧、舜是这个目标的终极标准。他说：君子有一件终身忧虑的事就是，舜是人，我也是人，舜能成为天下人的榜样，而且留名后世，而我不过是乡里的一个普通人，所以没能成为尧、舜那样的圣人才是人生真正堪忧的事情。孟子认为教育学生，知识的传授固然不可少，但是品德的培养更重要，做人是第一位的。

其次，在教育实践中，要因材施教。

学生的资质不同，采取的教育方法就应有异。孟子提出了五种教育方法。第一，对于那些资质好的学生，应像及时雨滋润万物一样，稍加点化即可。第二，有的学生道德修养不错，就着重培养他的德行。第三，有的学生富于才干，就着重培养他的才干。第四，有的学生资质一般，就着重为他答疑解惑。第五，有的学生无法上门学习，那么就要让他们努力自学。

再次，教育是有标准的，要高标准、严要求。

就像后羿教人射箭，就要教人拉满弓，因为射箭的标准就是拉满弓。因此，“大匠诲人必以规矩，学者也必以规矩”。老师必须按照规矩来教，学生也必须按照规矩来学。“大匠不为拙工改废绳墨，羿不为拙射变其彀率。”高明的工匠不会为笨拙的工人而改变或废弃规矩，后羿也不会为了拙劣的身手而改变开弓的标准。不能因为学生水平差就改变或降低标准。

最后，培养学生学习的主动性和自觉性。

孟子说：“梓匠轮舆能与人以规矩，不能使人巧。”意思是：木匠和车工师傅可以把盖房、造屋、做车的原理和技术教给徒弟，但是要熟练地掌握这些技术，需要学习者自身努力，调动自己的主观能动性，勤学苦练才能熟能生巧。

因为对于学生来说，只有自己真正学懂了、学会了的知识，才能牢固掌握，并且融会贯通，他说："自得之，则居之安；居之安，则资之深；资之深，则取之左右逢其原。故君子欲其自得之也。"只有自己把握了，就能不动摇；不动摇，就能积蓄深广；积蓄深广，就能取之不尽，左右逢源。所以一定要做到自己掌握所学的知识。

作为学生，在学习的过程中，则要做到以下几点：

首先，学习要专心致志，不能三心二意。

孟子认为学生固然在资质方面有一些差异，但是更多的人，他们的天赋聪明并没有太大的差异，而一个人成就的大小往往与后天努力的程度有很大关系。

学习必须专心致志。就像下棋，虽然是门小技艺，如果不聚精会神，便学不好。弈秋，是全国的下棋能手。假如让弈秋同时教两个人下棋，其中一个专心致志，只听弈秋的指教；另一个虽然也在听，却一心想着天鹅要飞过来，拿弓箭去射它，所以虽然在一起学习，下棋的技能却不如前者。两人的才智并无太大差别，是学习态度的不同导致了结果的不同。

其次，学习要循序渐进，不能急于求成。

在学习过程中，要一步一个脚印，扎扎实实，循序渐进，不能急躁冒进，急于求成，更不能拔苗助长。孟子说：应当像流动的水一样，不填满路途上的每一个坑坑坎坎，就不继续前进。因为扎实的基础是继续深入研究的前提。

再次，坚持不懈。

学习是需要毅力的，如果不能坚持到底，半途而废，终究一无所获。就像挖井，孟子说："有为者辟若掘井，掘进九轫而不及泉，犹为弃井也。"意思是：有作为的人做事就好像打井一样，井挖到六七丈深，还没有挖到泉水，也还是一口废井。又如山间的小路，孟子说：山间的小路很窄，人们一直走就成了大路；只要有一段时间不走，就会被茅草掩没，了无踪迹。修道也罢，学习也罢，不能坚持不懈，也会像这井、这路一样。

自四十多岁，孟子开始收徒讲学，学生越来越多，以至于后来第二次到齐国的时候，跟着的学生就有数百人之多。在孟子众多弟子中，比较有名的有乐正子、公孙丑、万章、公都子、陈臻、充虞、咸丘蒙、陈代、彭更、屋庐子、桃应、徐辟、孟仲子等。

孟子一生培养了许多的弟子，而他的弟子也将他的思想传承了下来。如果没有这些弟子的薪火相传，也许我们今天就无缘再见孟子、再读《孟子》，无怪乎孟子要把“得天下英才而教育之”作为君子之乐了。

孟子回到故乡，在授徒的同时，又把平生所思所想付诸文字，撰写成书。这就是《孟子》，共有七篇，这七篇就是《梁惠王》《公孙丑》《滕文公》《离娄》《万章》《告子》《尽心》。这本书在孟子生前已基本完成，在孟子死后弟子们又进行了续定和整理。

公元前289年，理想主义者的孟子，始终自信的孟子，傲岸不屈的孟子，刚毅倔强的孟子，以教育为乐的孟子，机智善辩的孟子走到了他生命的终点，带着遗憾、带着期待离开了人世。家人把他安葬在了邹国东北三十里的四基山阳面。

一千多年以后，宋仁宗景祐五年（1038），孔子第三十五代孙孔道辅找到了这座墓，他命人除去荒草，芟除榛莽，并主持修建孟庙。第二年春天，孟庙落成，入孟庙配享者为“公孙、万章之徒”。孔道辅还郑重恳请当时的大学者孙复为新落成的孟庙写“记”。从此以后，人们可以到孟庙来祭奠孟子，缅怀先圣，追忆他的教诲，感受他的人格魅力，回味他的思想。

孟子离开了，但是他的思想留下来了，他的精神留下来了，这是一份宝贵的精神财富，弥足珍贵，我们应当好好珍惜。

第 5 章

孟子的思想要旨

一、天道观

“天”是中国古代思想家思考的重要问题，也是普通百姓经常关注的问题，“天”几乎成为百姓的口头禅，人们往往将自己生命历程的桩桩件件不明究理的事件都归之于天。中国传统文化的各个方面都浸润着古人的天道观。

《孟子》全书，“天”字共出现 181 次，孟子所说的“天”有四种意义：一指有意志的主宰之天；二指命运之天；三指道德、义理之天；四指自然之天。

主宰之天

受殷周以来神权天道观的影响，孟子默认在人世之外存在着对人世具有主宰作用的上帝和天神，他说：“即使是恶人，只要他虔诚地斋戒沐浴，仍然可以祀上帝。”他还说：“天之生此民也，使先知觉后知，使先觉觉后觉也。”（《万章下》）意思是：天降下民，还选择君主和老师替上天来帮助、爱护、管理他们，派先知、先觉来教导民众。

天对人有至高无上的权威。帝位的传承就是由天决定的，国家的兴亡，也由天决定。夏桀荒淫残民，上天将其废除，而代之以有德之商汤。殷纣无道害民，上天收回成命，而改授有道之周武王。甚至一个人遭受心志之苦、筋骨之劳、体肤之饿、身心之空乏，所作所为遭到“拂乱”，也是上天对将承担重任者的意志的磨炼和才能的淬砺。所以人们如身处逆境，切不可自堕其志，当积极有为，奋发向上。

天命必须服从，人们应当以“乐天”“畏天”的态度面对主宰之天对人间的安排。“乐天者保天下，畏天者保其国。”违逆天命，必然遭到天的惩罚。

虽然孟子肯定天对人世的主宰作用，但是他又认为天选择人间帝王的依据却是民意，“天视自我民视，天听自我民听”。这样，在无形之中以民意对至高无上的主宰之天的权力进行了限制。天的主宰作用被淡化了，民的作用被重视和加强了。因而所谓服从天命，“乐天”“畏天”，其实是服从民意，畏惧民意。这是孟子对殷周以来传统神权天道观的突破和修正。

每个人也可以发挥自己的主观能动性，以“自求多福”避免天降之灾。所谓“天作孽，犹可违；自作孽，不可活”，天降之灾尚可躲避，人为之祸则无可逃脱。孟子说：“夫人必自侮然后人侮之；家必自毁而后人毁之；国必自伐而后人伐之”“祸福无不自己求之者”。意思是：祸福都是人自己造成的，小至个人的荣辱，大至国家的兴亡，都不例外。

可见，孟子不再把命运付之于天，也不再盲目地祈求天的佑护与赐福，而是将国家的命运和个人的幸福建立在人类自身的行为之上，人类自己的努力决定了自己未来命运的走向。于是天的主宰作用再次被削弱，近至于无。在这里，天近乎一个虚名，而人的决定作用被凸现出来。

命运之天

孟子认为在人力之外存在着一种无形而巨大的力量，人力对此无可奈何。孟子把它称之为天，他说：“莫之为而为者，天也。”也就是说，没有想到要这样做，而竟这样做了的，便是天。这就是人们所说的命运之天。

孟子认为，命运之天对人世同样具有决定作用。从历史发展来看，无论是尧、舜、禹的禅让，还是禹与启之间的父子相传，都是以德相让，以贤相传，可是如何解释益、周公、孔子、伊尹等大德大贤却没有登上天子之位呢？为什么以尧、舜如此之贤，而他们的儿子却都不肖呢？这都是“天也”，“非人之所能为也”。

孟子分析历史指出，尧、舜、禹之所以能成功地递相禅让，除了前代天子的推荐、他们本人贤能这两个重要因素之外，还有非常重要的一个中间环节，那就是舜、禹在正式即位之前经过了相当长的实践考验，如禹就经过了十七年政治实践的考验期。在十七年的政治实践考验中，禹获得了天下百姓的认可，也就是“民受”，“民受”则“天受”。而益，在禹将他推荐出来之后，他的政治考验期只有短短的七年，“施泽于民未久”，广大百姓对他的德与才没有充分的认识，因而没有得到百姓的认可，民不受，则天也不受。孔子固然大德，但是他没有遇到天子的赏识推荐，所以不可能继位而为君。益、周公、伊尹固然大贤，但是他们的君主并非是遭到上天厌弃而要废黜的桀、纣之类的昏君，也就是他们所处的不是一个改朝换代的时代，所以他们不可能废置现任的君主取而代之，自己为天子。

在孟子看来，无论是禅让还是传子，取决于客观条件的总和，客观条件非人力所能及。匹夫若要成功地登上天子之位，下面的条件不可忽视：其一，本人贤德；其二，有当朝天子的推荐；其三，有机会获得较长时间的政治实践考验，从而获得百姓的认可；其四，君主是桀、纣之类的昏君，是天之所要废的。以上条件和时机，一生当中能否遇到，不是个人所能决定的，也是难以知晓和把握的，这就是命运之天。自己贤能，但是不能保证自己的儿子也贤能，所以尧、舜俱贤，而二人的儿子却都不肖。这也是命运之天。

对待命运之天，孟子主张应审时度势、通权达变，在具体行为上要“顺天”而行，他说：“顺天者存，逆天者亡”，反对任意妄为。在主观态度上，要“不怨天，不尤人”。

孟子提出“顺天”，其实在“顺天”之下潜藏的是孟子对个人不能支配现实的无奈和苦涩，是智者不得已的一种处世求存之道。

孟子还提出了与此意义的天有紧密联系的另一个概念“命”。他说：“莫之致而至者，命也。”孟子所说的“命”实质也是一种客观存在的异己力量。

孟子说：“莫非命也。”人生很多遭遇实际都是命运使然，譬如生或死、寿或夭。但又认为“命”有“正命”与“非正命”之分。能够尽力行道、寿终正寝者为“正命”。任意妄为而招致意外丧生者为“非正命”，如故意立于危墙之下被危墙塌压而亡者，为非作歹、触犯刑法而被处死的，就属“非正命”。“正命”受客观必然性的支配，非人力能及；“非正命”则是人为所致，可以认识和避免。孟子主张应当“知命”，尽力修身行道，避免“非正命”。

孟子提出对待命运之天要“顺天”，对于时代、社会、机遇、吉凶祸福、生死寿夭等，当以达观的态度对待，这是智者通权达变的灵活处世策略；另一方面，孟子认为要“行法以俟命”，以坚定的持之以恒的道德修养实现对“命”的超越，又具有非常明显的与命抗争的因素。

道德、义理之天

在孟子的天道观中，更强调道德、义理之天。受孔子“天生德于予”和子思“天命之谓性”思想的影响，孟子也认为天具有道德属性。他说：有天然的爵位，有人世的爵位。仁义忠信、好善不倦，就是天然的爵位。又说：仁就是“天之尊爵”，仁是天最尊贵的爵位。他还说：“诚者，天之道也。”也就是说天道即诚。诚的内涵是仁义礼智，诚为天之道，那么仁义礼智就是天的本质。这样孟子所说的天就被道德化了，孟子认为，人的仁义礼智的道德意识来源于道德义理之天，从而把道德意识权威化。

对待道德、义理之天，孟子的态度是与道德之天相合。

自然之天

孟子所说的天，有时指日月运行、四时寒暑交替、万物受其覆育的自然之体。他说："天油然作云，沛然下雨，则苗浡然兴之矣。"肯定了天是"作云""下雨"的自然之体。他在《离娄上》说："天之高也，星辰之远也，苟求其故，千岁之日至，可坐而致也。"认为人们只要掌握了天体、星辰运行的规律，即使是一千年以后的冬至，亦是能推知出来的。

对待自然之天，要顺应和服从其规律，即使是天下最易生长的生物，如果不能按照它的生长规律去养护，一曝十寒，也是不能生长的。对于自然界，不能肆意掠夺。"故苟得其养，无物不长；苟失其养，无物不消。"万物的生长都需要合适的滋养，如果不善加养护，任何物种都会消亡。顺应其规律、保护自然，这是与自然之天相合。但是孟子认为，这并不意味着人在自然面前无所作为，人们可以认识其规律，利用其规律，为人所用。当自然天灾出现，洪水泛滥，野兽出没，威胁到人的生存的时候，人应该与之作斗争，这又是孟子思想中与自然之天相分的一面。

总观孟子的天道观，既有天人合一的思想，也有天人相分的思想。

二、人性论

孔子是儒家学说的奠基者，他提出了儒家学说的基本范畴，但没有作出充分的论证，因而其体系并不是十分完善，这为后来儒家学者进行体系的完善和构建留下了很大的空间。孟子的人性论就是对孔子学说的一个理论完善。

四心，人皆有之

孟子主张人性善，他说：凡属同类事物都有其共性，人也不例外。在《告子上》他说：

> 口之于味也，有同耆焉；耳之于声也，有同听焉；目之于色也，有同美焉。至于心，独无所同然乎？心之所同然者，何也？谓理也，义也。

> 恻隐之心，人皆有之；羞恶之心，人皆有之；恭敬之心，人皆有之；是非之心，人皆有之。

《尽心上》又说：

> 孩提之童，无不知爱其亲者；及其长也，无不知敬其兄也。

孟子认为人的共性大致表现为三类，这就是：其一，在感官上对味、声、色有共同的欲求；其二，在心理情感上共同具有"恻隐之心""羞恶之心""恭敬之心（《公孙丑上》作'辞让之心'）""是非之心"，以及"爱亲""敬长"的意识，在理智上共同喜欢理义；其三，人都有认知、思维器官"心"，"心"之官使人具有理性，因而人能对人间的是非善恶作出正确的判断和选择。

孟子认为，"恻隐之心""羞恶之心""恭敬之心""是非之心""爱亲""敬长"的意识是人不学而能、不教而会、不待习染而成的"良能"，"不虑而知"的"良知"，是天所与。

为什么说"四心""爱亲""敬长"的意识是人天然具有，而其他事物没有呢？孟子从人兽之别、人禽之辨作出了回答。孟子说："人之所以异于禽兽者几希。"人与禽兽的差异其实很少，因为人与动物在声、色、味、四肢等感官欲望的追求方面并没有太大的差别，但是有一点很细微的差异则决定了人与禽兽有天壤之别。这个差异就是人生而具有的爱亲、敬长的意识，仁义礼智“四心”。以舜为例：舜居于深山之中，与木石、鹿豕为伴，他的行为与深山的野人没有多少差别，但是一旦有善言、善行的触动，他的心中会立即迸发出与禽兽不同的心理情感，而禽兽对此却浑然无觉，其原因就在于舜与生俱有人这一类独有的善的意识，当它没有碰到触发点，只是某种隐而未现的潜在能力，只要遇到触发点，就会表现为现实情感活动。由此可证，“爱亲”“敬长”的意识，仁义礼智“四心”是人类独有的天然属性。

孟子认为应从自然状态认识人性，事物在外力干扰下的表现反映不了事物的本性。

他与告子曾有一段这样的辩论：告子坚持人性不分善恶，就像水不一定向西流或向东流一样，而是哪边有缺口就向哪边流，水的流向决定于外力的作用，人的善恶也在于环境的引导，好的环境会把人引向善，恶的环境会把人引向恶。告子所言确实可以在社会中得到印证。然而孟子认为，告子所言只是触及现象，并没有揭示出事物的本质。孟子认为，水表面上虽不能决定自己流向东或流向西，但是无论水向哪个方向流淌，有一点是共同的，就是在自然状态下，水都向下流，向下流才是水的本性。人性亦如此，在自然状态下，没有外力的干扰，人会自然向善，向善是必然的。作恶，不是人的本性。

孟子认为，现实社会中人们的行为也可以证明人性为善。以“恻隐之心”为例。一个小孩马上要掉入井中，无论是谁看见这种情景，都会油然而生惊惧怜悯之情、抢救孩子之心，产生此种心情，不是要与孩子的父母套交情，也不是想要博取乡邻的赞誉，更不是因为讨厌孩子的哭喊声，完全是自然而然的。孟子所举的这个例子在现实生活中是存在的，而且很普遍也很正常。一个正常的人，一旦看到类似的情况，都会有这样的心理情感的悸动和行为冲动，不需思虑，也无须教导，其根据就在每个人的心中都有善的道德情感。

孟子从“类”的共性、自然天性、人兽之别、自然状态、生活实证等几个方面考察人性、论证人性，这是孟子构建其性善论的思维逻辑，有很强的说服力，然而他的逻辑证明其实并不缜密，因为“善”其实是一个“社会人性”的范畴，而他是以后天的“社会人性”范畴去评价先天的原始人性，这本身是一个逻辑错误。在社会上，大家都希望得到友善的待遇，于是善便成了人性的最佳模式。孟子以“善”作为人性，表达了人类内心最美好的期待与向往，而从孟子本人而言，他不仅听到了而且目睹了人间的许多丑恶，人与人之间的血腥争夺，但是他始终坚信人性善，以此肯定和赞美人类，始终对人类充满自信，这也是孟子乐观、外向性格的反映。

后天行为与先天人性

根据孟子的人性论，人人都可以成为“四德”兼备的高尚之人，所谓“人人皆可为尧舜”。而现实社会，人们所见的道德完人总是凤毛麟角，而不善之人却屡见不鲜，大多数人也都是善恶兼有。之所以如此，孟子认为是因为这些人丢失或泯灭了先天的善性。

固然每一个人生而具有“恻隐之心”“羞恶之心”“辞让（恭敬）之心”“是非之心”这“四心”，可是这“四心”只是仁义礼智“四德”的萌芽，他说：“恻隐之心，仁之端也；羞恶之心，义之端也；辞让之心，礼之端也；是非之心，智之端也。”“端”就是萌芽，所以他又称“四心”为“四端”。从“四端”至“四德”，其间还要经历一段人性完善的历程，这段历程的完成方式，孟子认为就是“扩充”。经过后天的发展完善，“四端”成熟而成为“四德”。人有“四德”，足以安天下、定四海；假如不“扩充”，连赡养自己的父母都不可能。“扩充”就是人的一种主观努力。

由于“四心”只是善性萌芽，非常脆弱，所以如果不善加培养就会丢失，一放弃就会消亡。人丢失善性的情况，孟子认为有两种。一种是人的主观放弃，即自我放弃，也就是孟子所说的“放其良心”“自弃”。无疑，孟子看到当时社会太多“放其良心”的人和事，所以他才慨叹：家里的鸡和狗丢失了，人们都会想方设法去找回来，可是很多人良心迷失了，却不知道去找回来，这正是社会当中有一些不善之人存在的原因。

善性丢失的另一种原因是社会环境的影响。他说：“丰收年景，少年子弟由于衣食无忧而好吃懒做，灾荒年头，少年子弟又由于缺吃少穿而胡作非为，并不是上天赋予这些少年子弟的性情不同，而是因为环境的影响使他们变坏。”就如农夫种麦子，所用的种子和播种的时间相同，但由于土质肥瘠、雨水多寡、管理不同，就会造成各处麦子生长不同，收获自然不同。又如，齐国都城临淄南面的牛山原本树木十分茂盛，可是由于地处城郊，人们在这里砍柴伐木，放牧牛羊，日复一日，年复一年，最后变成了一座光秃秃的荒山，后来的人看到它光秃秃的样子，以为它本来就是一座荒山，其实这并不是牛山的本来面目。社会上那些不善之人，就是在不善的外部环境的反复“梏亡”之下，人心受到侵蚀、消磨，丢失了善性所致，并不是他们生来如此。

可见，人性一定会受到外部环境的影响，这影响既有积极的影响，也有消极的影响。积极的影响会促进人性的完善，消极的影响会破坏人性的健康成长和发展，导致善性的丢失。

孟子的仁义礼智“四端”“人皆有之”的人性论，在肯定人的自身价值的同时，也肯定了人的道德意识的普遍性，具有人性平等的思想因素，是后世人性平等思想的先声。而人生具有“四心”说的提出，不仅解决了孔子所留下的理论缺陷，回答了道德的可能性及道德的自由的问题，也为人们成贤、成圣提供了自我实现的内在根据，因为人皆有“四心”，只要努力完善自身固有的善心，即可成为仁义礼智“四德”之人，“人人皆可为尧舜”，这样孟子为人们开拓出了内圣之路。

三、道德论

伦理道德思想是孟子思想学说的主体，他谈天道、论人性，一个重要目的就是阐明其伦理道德。天道观、性善论是其伦理道德思想的哲学基础和理论依据。在继承和发展前人伦理道德思想的基础上，孟子从道德规范、道德价值及道德修养三方面完善了先秦伦理学说，构筑了比较完整的伦理思想体系。

孝悌

孝是儒家提倡的伦理道德，也是中华民族的传统美德。孟子继承前人的孝道思想，又进行了新的拓展。

孟子认为，对父母生时的奉养包括“养口体”与“养志”两方面。所谓“养口体”，就是对父母在物质生活上的奉养，要尽量满足父母的口腹之欲，使其衣食无忧。所谓“养志”，就是对父母在精神生活上的奉养，要尽量满足父母情感的需要，使其心情愉悦。孟子认为，物质之养固然重要，但仅仅满足了父母物质生活的需要，而忽视了对父母精神生活上的奉养，即便是一日三餐美味佳肴，那也与畜养牲畜无异。

值得注意的是，孟子承认父母也会有过，对于父母的过失，子女视其情形，区别对待。

父母过错小，子女应予以宽容谅解，不可有怨恨的情绪。父母过错大，子女要帮助父母改过。帮助犯有大过的父母改过，但要注意方式方法，不能伤害相互之间的关系。倘若父母犯有重罪，为人子者不能包庇袒护，更不能徇私枉法。孟子学生桃应问过这样一个问题：假如舜为天子，舜的父亲却犯了杀人重罪，舜当如何处置他的父亲呢？孟子认为，舜既不能掩盖其父的罪行，阻止法官秉公将他的父亲绳之以法，又不能因此毁弃父子亲情，两难之下，舜唯一的选择是毫不犹豫地放弃天子尊位，悄悄带上父亲远走他乡，隐姓埋名，终此一生。实质上，这无异于终身流放，不过免死而已。

由此可见，孟子提倡的孝并非是无条件的，行孝既不能悖逆国家政治原则，也不能与天理人伦背道而驰。

父母死后的丧葬、祭祀，在孟子看来是一件非常重要的事情，其重要程度甚至超过对父母生时的奉养，郑重办好父母的丧事，更能体现为人子的孝心。他说："养生不足以当大事，惟送死可以当大事。"（《离娄下》）孟子主张办理父母的丧事要遵循礼制。在丧期问题上，孔子曾主张实行三年之丧，孔子认为幼子出生三年之后，才能免于父母的怀抱，故父母死后，为父母守丧三年，以此表达对父母至深至切的爱，这是对父母辛勤养育之恩的非常自然的回报。受此影响，孟子也坚持三年之丧。不过，他认为如果受礼制的限制或者其他因素的影响，确实不能守完三年之丧者，可以缩短守孝的时间，但绝不能私自无故缩短丧期。孟子还主张厚葬父母以尽孝思，提倡用精美的棺椁衣衾葬埋父母。他认为，使用精美的棺椁衣衾，不只是为了外表的美观，而是只有这样做才能心安。

需要注意的是，孟子虽然要求厚葬父母，但并不苛求为人子者在自己经济能力和地位不允许的情况下为其所不能。孟子葬埋父母的丧事也是根据自身的经济能力和地位来决定的。

悌，就是尊敬兄长。孟子认为，敬长、从兄的道德意识也是人人生而具有的。实际行动中，简而易行，如："徐行后长者谓之弟，疾行先长者谓之不弟。夫徐行者，岂人所不能哉？所不为也。"（《告子下》）敬长、从兄，只要人们愿为，是人人都可以做到的。

孟子的孝道思想所蕴含的孝爱父母、尊敬长辈、敢于纠正父母的过失、和睦家庭、安定社会等观念已成为中华民族的传统伦理观念，对中华民族的人格塑造和中国社会的发展都产生了极为深远的影响。

仁义礼智

仁是孟子思想的核心，是孟子社会政治伦理道德的最高理想和标准。

孟子所谓的仁，就是一种人对人的关心，是对他人发自内心的关爱，而这种爱又受礼的节制和规约，所以是一"有差等"之爱，有亲疏远近之别、厚薄轻重之分，依其关爱对象的不同，仁可分为亲亲、爱人、爱物三个层次。始于事亲、中于爱人、终于爱物。

亲亲，即热爱、关心与自己有血缘亲情的人。孟子认为，对与自己有血缘亲情的人的关爱也存在亲疏远近之别、厚薄轻重之分。"亲亲"，首先要关爱父母、厚爱父母，除此而外，关爱自己的兄弟姐妹及亲族中的其他人。在此基础上，本着将心比心、以己度人的思想而推己及人，达于社会，"老吾老以及人之老，幼吾幼以及人之幼"，"仁民而爱物"，即爱天下众人，爱与人类生活息息相关的一切自然外物。孟子"爱物"的思想已在一定程度上领悟到人与自然外物是一个和谐共生的有机整体，人类应该有磊落博大的胸怀，有超越人类这个小我的精神和气度，扩充和发挥人类的爱心，以一种善的态度对待自然外物。"爱物"是孟子对孔子仁学思想的发展，反映了孟子的生态伦理观。

关于义，孟子说："义之实，从兄是也"（《离娄上》），"敬长，义也"（《告子下》），"未有义而后其君者也"（《梁惠王下》），"非其有而取之，非义也"（《尽心上》），"春秋无义战"（《尽心下》）。综上可见，孟子所说的义，具有从兄、敬长、敬君、尊重和保护私有财产，反对兼并战争等内涵。义是伦理道德规范，要求人们的思想行为适宜、正当、公正。

义利之间，孟子重义而不轻利。孟子承认每个人都有求利的欲望，他说："富贵，人之所欲也。"人们对物质财富的欲求是与生俱来的，是人之天性。人们为满足正当的物质欲望而谋求正当之利、应得之利，无可厚非，所以他不反对人们求利。但是孟子又对不同的阶层的求利活动提出不同的要求。统治者和士人要重义而轻私利。因为他们手中掌握着权力，他们的追求引导着社会的价值取向，因此他们的求利活动须受义的规约和限制。要以义取利，不能背义取利、趋利舍义。义利不能兼顾时，要舍利取义，必要时舍生取义。《告子下》中他说：

鱼，我所欲也；熊掌亦我所欲也；二者不可得兼，舍鱼而取熊掌者也。生，亦我所欲也；义，亦我所欲也；二者不可得兼，舍生而取义者也。

生命诚然可贵，但还有比生命更可贵的。死亡，固然令人厌恶，但还有比死亡更令人厌恶的。比生命更可贵的是义，比死亡更令人厌恶的是不义。生命与义不能两全，难以兼顾，则当“舍生而取义”，不为贪生而害义。对于百姓，应当满足百姓对利的需求，保护庶民之利，先予民利，使民最终取义。

孟子的义利观是在针砭时弊和寻求理想的救世良方的过程中形成的。其目的在于维护全社会的整体利益。然而，他把希望寄托在统治者自觉地依靠道德的力量来约束和控制自己行为的基础上，则是不切实际的幻想，显露出孟子义利思想的空想性。

礼是中国儒家重要伦理范畴。上古时代，由于政教不分，礼是一个政治伦理概念，其内涵包括祭神仪式、典章制度、交际仪式、道德规范等。其核心精神是“亲亲”“尊尊”，通过对亲情的维护，对上下、尊卑、贵贱等级秩序的维护，达到治国安民的目的。所以既具有政治功能，也具有伦理功能，成为调控社会秩序、治理国家和天下的一种手段，成为人们处理人际关系的行为准则和自身修养的道德规范。

儒家创始人孔子就大力提倡和宣扬礼，以仁礼为其思想的核心。孟子主要从伦理角度肯定礼，认为礼来源于人的内在善心，因为人生而具有“辞让之心”“恭敬之心”等敬长、谦让的善念。孟子发展了孔子仁礼并重的思想，而以仁义并重。孟子认为，仁义礼智是最基本的道德规范，四者之中，仁义是核心，礼是仁义之辅德。礼的作用是对“仁义”的节制和文饰。礼是形式，仁义是内容。孟子以仁义并重，降低礼的地位，说明孟子并不拘泥孔子之说。随着时代的发展，政教逐渐分离，于是“礼”成为一个专门的伦理范畴，孟子的观点逐渐取得主导地位。

智，既是一个认识论的范畴，也是伦理学的范畴。作为伦理学的范畴，孟子对智的界定是：“是非之心，智之端也”（《公孙丑上》），“是非之心，智也”（《告子上》）。智就是明辨是非的道德意识，其作用在于正确把握仁义等人伦道德规范，能慎守不失，并将其付诸实践。

由上可见，作为孟子主要伦理道德原则的仁义礼智四者并不是平行的。四者之中，仁义是核心，礼智从属于仁义，为正确实行仁义服务。

五伦

“五伦”是孟子提出的处理人际关系的伦理原则，春秋时期有“五教”，即“父义，母慈，兄友，弟恭，子孝”，是调整家庭成员关系的道德原则和道德规范。孟子将“五教”发展成为“父子有亲，君臣有义，夫妇有别，长幼有叙，朋友有信”。这样，就把“五教”所指的纯粹家庭关系与社会政治相联系，将属于社会政治关系的君臣、朋友关系纳入人伦范围。

（1）父子有亲

父子有亲，即父子有骨肉亲情。肯定了父子之间基于血缘关系而产生的“亲亲”之情，确定了父子之间各自的地位及其应承担的权利和义务。父有抚养子的义务，亦有要求子奉养的权利；子有要求父抚养的权利，亦有奉养父的义务。与此相联系，父有教育、支配子的权利，子有孝敬、服从父的义务。当然，孟子强调“父子有亲”并不要求子绝对服从父母、盲从父母。

(2) 君臣有义

关于君臣关系，孔子曾提出“君使臣以礼，臣事君以忠”的观点，君臣必须以礼相待。

继承孔子的思想，孟子将君臣之间的关系概括为“君臣有义”，即君臣有礼义之道。也就是说，君和臣都要遵循符合自己名分的礼和道。君有挑选、擢升、罢免、教育、使用臣的权利，亦有给臣俸禄、爱护、保障臣生活和利益的义务。臣有尊重君主、服从君主、事奉君主、为死去的君主服丧的义务，亦有要求君主“使臣以礼”、照顾臣的生活和利益的权利，也有自由选择君主的权利。

《孟子·离娄下》记载了一段非常著名的孟子关于君臣观的宣言：

> 君之视臣如手足，则臣视君如腹心；君之视臣如犬马，则臣视君如国人；君之视臣如土芥，则臣视君如寇仇。

君主把臣下看作自己的手和脚，臣下就把君主看作自己的腹心；君主把臣下看作狗和马，臣下就把君主看作一般人；君主把臣下看作泥土和草芥，臣下就把君主看作仇敌。君臣关系是相互对等的，臣敬君不是无条件的。君应善待臣以换取臣心，臣对君的态度以君对臣的态度为转移。孟子虽强调臣要服从君主，但并不主张盲目的绝对的服从，君有大过，臣应进谏以“格君心之非”，引导君主行仁为善，倘若君始终不听劝谏，与国君同姓的“贵族之卿”可以将其废除，改立贤君，“异姓之卿”则应挂冠离职，至于像桀、纣那样的践踏仁义的“独夫”和“暴君”，虽诛之亦不为过。这与后来封建专制社会下的绝对君权论是迥然不同的。绝对君权论则认为，天下国家是君主的私有财产，君叫臣死，臣不得不死；君可以无视臣民利益、肆意放纵而不受惩罚。

(3) 夫妇有别

夫妇有别，夫妻之间挚爱而又有内外之别。肯定夫妇间有一定的界限，明确了夫妇各自的职责，即女主内、男主外。孟子曾描写当时婚嫁礼俗，说女子出嫁的时候，母亲会给以训导，送她到门口，告诫她说：到了你家里，一定要恭敬，一定要警惕，不要违背丈夫。所以孟子认为，妇女之道是以顺从为最大原则的。孟子把不违背丈夫、顺从作为妇女的基本道德，就否认了妇女有独立的人格和自主的权利，具有一定的重男轻女的倾向。

(4) 长幼有叙

长幼有叙，年长者与年幼者之间有尊卑之序。也就是说，在宗法等级制社会里，长幼所处的地位有等级上的差别，长者为尊，幼者为卑。孟子认为，年龄是天下公认的宝贵东西（爵位、年龄、道德）之一。孟子把长幼之叙作为“五伦”之一，是为了强调长者、尊者的地位，使幼者尊长、敬长，并真心诚意、自觉自愿事奉长者，服从长者，以淳化社会风尚，维护以血缘关系为纽带的宗法等级社会的稳定。

(5) 朋友有信

朋友有信，朋友之间有诚信之德。所谓信，即诚实，言语符合事实。与“五伦”中的父子、君臣、夫妇、长幼相比，朋友是一种自由平等的社会关系，既不受血缘、家庭、地位、年龄、职业等相对固定的自然与社会条件的限制，又没有任何强制性的权利和义务。彼此的联系只是情感和道义上的联系，这就是友谊。相互坦诚，诚实不欺，才能加强这种联系而不中断；只要有丝毫欺诈和不实，友谊就会随之葬送，所以孟子以“信”为交友之本。不过孟子反对为守信而守信，不顾道义的哥们义气。

孟子重视“五伦”，要求人们以尧舜等圣人为榜样，努力按照“五伦”处理与他人的关系。虽然孟子提倡“五伦”的目的在于借道德的力量，保护和维护封建宗法社会的稳定，但是“父子有亲”所强调的骨肉亲情，“长幼有叙”所包含的尊老、敬长意识，“朋友有信”所提倡的诚信之德，在今天看来仍有其积极意义。

四、修养论

道德价值与人生理想

孟子推崇道德价值，认为人之所以异于禽兽，就在于人具有天赋善性，生而具有仁义礼智等道德的萌芽，倘若人们自暴自弃，丧失了天赋善性，也就与禽兽无异。道德价值实质就是人的价值所在，因此人们应当志于仁义，自动奋发，积极努力，加强自身的道德修养以实现人的价值。

孟子认为，道德的力量是巨大的，它决定着个人的荣辱与生死。他说“仁则荣，不仁则辱”“仁人无敌于天下”，就是说，一个人能进行仁义礼智道德修养，居仁、由义，就能荣耀，不然就会被人奴役，遭人污辱，甚至“四体”不保。

孟子认为，道德还关系着国家的安危与存亡。他说：“得道者多助。”倘若人人都能加强道德修养，做到“亲其亲，长其长”，则国家安定，天下太平。而天子、诸侯、卿大夫等在上位者的道德修养对国家的命运有着更为直接的影响。“夫国君好仁，天下无敌”，只要在上位者努力行仁，则所向无敌，统一天下、安定天下、治理天下易如反掌；反之，则终身忧辱，甚至“陷于死亡”。他在总结夏、商、周三代兴起与灭亡的教训时说：夏、商、周三代得天下是因为行仁，失天下则是因为不仁。可见，自身道德修养无论是对个人还是对国家都有重大影响。

从其道德价值观出发，孟子提出了他的人生理想。他认为，人活着不仅仅是为了满足自己的物质欲求，所以声色货利、高官显爵并不是人生价值所在；人的真正价值在于完善和实现自身生而固有的善性，成为仁义礼智四德兼备的贤德之士；生命的价值要以是否符合仁义礼智四德的要求来衡量。由此孟子主张人们要居仁、由义、守礼，时刻保持自己的道德情操和人格尊严。

出仕为政，显达得志时，“以道殉身”，积极行仁弘道，泽加于民；穷困失意时，“以身殉道”，坚持自己的原则。既不因富贵而“荡其心”、背离仁道，也不因贫贱而消沉，甚或“变其节”，改变操守、放弃信仰，更不为强权、威势所逼而屈服退缩。唯其如此，才是真正实现了人生价值，堪称“大丈夫”。在此，孟子所高扬的是人的尊严，所鄙视的是权势富贵。孟子所提倡的是蔑视权贵，为坚持原则忠贞不渝、宁死不屈的崇高精神。

孟子还提出了“惟义所在”“舍生取义”的价值选择原则。他在《离娄下》说：“大人者，言不必信，行不必果，惟义所在。”虽然他也提倡“言必信，行必果”，但认为在特殊情况下，可灵活变通，一切以义来衡量。倘若所行所言符合义，则不必泥守小信而失大义。面对现实生活中各种各样的矛盾，难以取舍之际，应以义为最高原则，惟义是从，惟义是取；即使是生死关头亦应如此，只有这样才能实现人生的真正价值。

修养方法

孟子主张性善论，认为人人都生而具有善的萌芽。但是他也清楚地看到现实生活中存在着有德与无德之分、君子与小人之别，同样是有德之人，由于道德水平不同，又有善人、信人、美人、大人、圣人、神人六种之分。他认为这些都是后天修养不同所致。因此，在他看来，正确有力的道德修养方法对于人们提高自己的道德水平不仅十分必要，而且十分重要。鉴于此，他提出了一系列的道德修养方法。

思诚。所谓诚，即真实不虚。孟子认为，人的真实的本性就是人生具有“恻隐之心”“羞恶之心”“辞让（恭敬）之心”“是非之心”，这“四心”就是仁义礼智的萌芽。虽然人们生而具有仁义礼智的萌芽，并且就存在于人们心中，但是在人们从主观上自觉地认识到它的存在，并牢牢地把握住它之前，只是一种盲目的主观精神。要使人们从主观上自觉地意识到和把握住自身具有的善性，就需要“思诚”。他说：“心之官则思，思则得之，不思则不得也。”也就是说，心既是天赋善性所在，同时又是思维器官，具有认识事物的能力。所以人们不需外求，只要发挥心的能动作用，回归内心，认真思考，就能认识和把握先天具有的善性。这样，孟子不仅为儒家反躬“内省”、自我省察的思想提供了理论依据，而且使其更加完善和哲理化了。

存心与求其放心。在人们从主观上自觉认识和把握住天赋善性的基础上，还当“存心”。所谓“存心”，即保存天赋的善端。因为人们固有的天赋善端极其脆弱，容易受物欲的蒙蔽而丢失或泯灭。人丢失或泯灭了先天的善性，那与禽兽没有多少差别。君子之所以与一般人不同，就在于君子能“以仁存心，以礼存心”。所以，保存天赋善性对于每个人来说都极其重要。孟子主张，一方面要努力“养心”以保存天赋善性，另一方面要积极“求其放心”，使已丢失的善性复归。

“求其放心”，即找回已丢失的善性。孟子说：学问之道没有别的，就是把那丢失的善心找回来。通过学习，认识和了解人的心性，知道人心本善，懂得人的“良贵”所在，这样就能弃恶迁善，找回丢失的善性。

养心“寡欲”。虽然孟子肯定了人们求利以满足物欲的合理性，但是他认为如果欲望过重，或者只追求物欲的满足，就会戕害人本有的善心，所以他提出了“寡欲”的主张，即减少物欲。他说：“养心莫善于寡欲。”修养心性最好的方法是减少物质欲望。欲望不重，那善性纵使有所丧失，也不会太多；欲望太多，那善性纵使有所保存，也是极少的。

真正的人生在于能打破世俗物欲的桎梏，追求精神的升华，实现人生价值为旨归。孟子鄙弃以追求世俗豪华生活、满足耳目鼻口等感官物欲为出发点和归宿点的行为。他说：高屋大宅，我如果得志，不这样干；食前方丈，妻妾环绕，我得志，不这样干；饮酒作乐，驰骋畋猎、威风八面，我得志，不这样干。得志、显达，不是为了奢侈豪华的生活，而是行道济民。

养浩然之气。“浩然之气”是以道德之善为基础，处于高尚道德境界所具有的刚直不阿、坚忍不拔、坚持真理、大义凛然、无所畏惧的崇高精神境界。人有“浩然之气”，则可以立于天地之间而无惧、无愧，是顶天立地的大丈夫。

孟子认为培养浩然之气，首先要“直养而无害”，即以正义去培养，其间不能受到一丝一毫的不义行为的伤害；其次须“配义与道”，即以正义的行动与仁义相配合；再次，要“集义”，从一点一滴做起，坚持不懈、持之以恒，久而久之，“浩然之气”就会自然而然地由内心生出。

反求诸已。反求诸已，即反过来在自己身上找原因。孟子认为当行动没有取得预期的效果，受到别人的反对，先要“自反”，即反省自己的所作所为和思想是否符合道德的标准。就像学习射箭，如果自己没有射中，不应埋怨胜过自己的人，而应反省自己的姿势是否正确。假如发现自己确有不足，当改过迁善；如若“内省不疚”，也无须与人较量，只求俯仰无愧，身正德修。立身处世，凡事都能“反求诸已”，并且能“反身而诚”，则不仅能正人正已，而且可使“天下归之”。

舍已从人。在主张“反求诸已”的同时，孟子还提倡“舍已从人，乐取于人以为善”。即舍已之非，从人之是；取人之长，补已之短。他认为，舜的伟大之处就在于他能虚心学习和取别人之长以补已之短。只有善于向别人学习的人，才能完善自身而成为出类拔萃的圣贤。他非常赞赏子路闻过则喜和“禹闻善言则拜”的做法，谴责当时有些人知错不但不改，反而千方百计为之辩解和开脱的行为。“舍已从人”“乐取于人以为善”，强调了向外界学习的重要性，弥补了“内省”“反求诸已”的不足，使孟子的道德修养论更加完善。

五、仁政说

民本思想

民本思想是孟子王道仁政学说的理论基础，也是其王道仁政学说的重要内容之一。

孟子之时，诸侯割据称雄，为了巩固和发展各自的势力，他们比任何时候都崇尚武力，动辄兵戎相见，战火连年不息，百姓饱受兵燹之乱。“争城以战，杀人盈城；争地以战，杀人盈野”，许多人抛尸沙场，魂断他乡。而为了支付战争所需的昂贵费用，百姓又饱尝繁赋苛敛之苦，如何结束战国乱世，统一显然是唯一正确的选择，但是在统一天下的过程中，起决定作用的因素是什么呢？统一天下应采取何种方式呢？孟子总结夏、商、周三代兴亡的历史经验教训，结合当时的社会现实，认为民心的向背是天下得失的关键所在，所谓“得天下有道，得其民，斯得天下矣；得其民有道，得其心，斯得民也”。不得民心，必然失去天下，桀、纣失去天下，就是因为失去了民心。所以身为一国之君，要壮大自身，统一天下，必须以民为本。

孟子有三个著名命题非常鲜明地凸现出了他的民本思想：其一，天时不如地利，地利不如人和；其二，诸侯之宝三——土地、人民、政事，宝珠玉者，殃必及身；其三，民为贵，君为轻，社稷次之。孟子在每一个命题中都列举了两种在政治生活中极为关键和重要的事物与民进行比较，最后得出的结论是民为本、民为贵。

在战争中，“天时”“地利”是攻伐取胜的重要的客观条件，“人和”则是战争取胜的主观因素，与“天时”“地利”相比，“人和”尤为重要。

对于一个国家来说，土地、人民、政事是国之为国必备的也是缺一不可的基本要素，因此，土地、人民、政事是诸侯之三宝，但在这三者之中，百姓依然是最为宝贵的。

与一国之首的君主、万民崇奉的社稷之神相比，民的重要性远远超过君与社稷之神。只有深得民心者才能一统天下而为天子，一国之君的诸侯虽为天子所赐封，但不是一劳永逸能够永世为君，一旦暴虐无道，危及国家存亡，就有可能被废黜或被放逐；社稷之神的职责是保佑天下风调雨顺、五谷丰登，倘若人们虔诚祭祀，仍不免水旱之灾，那么就是社稷之神失职，就应另立新的社稷之神。总之，国君可免，社稷之神可换，唯有人民不可去，所以民是立国之本，民贵而君轻。

孟子的民贵君轻思想，肯定了人民的巨大作用和历史地位，明确了君民二者的关系，是对前人重民思想的重大突破，在历史上闪烁着真理和智慧的光辉，对后世有着深远的影响，开反君主专制的先河；也正是在这一点上，孟子超越同时代的其他思想家，在先秦诸子百家中居于先进的地位。

当然我们不能因为孟子重视百姓，要求保民，就认为孟子有民主思想，其实孟子的重民思想只是民本思想，而非民主。在孟子民本思想中，他并没有赋予民以选举权、管理权，更没有予百姓以决策权。百姓的意见只是供执政者处理政事时取舍的一种材料，采纳与否、是否听取则在于国君自身，实际决策权还是在国君那里，因此不能将孟子的民本思想与今天的民主思想等同视之。

仁政措施

仁政是孟子的政治主张，是其经国治民的基本方针。民本思想是促成其仁政思想的直接因素，因为得民心者得天下；性善论是其仁政思想的理论依据，因为每一个人都有仁心，统治者将仁心行于政治，就是仁政。

孟子的仁政措施包括以下内容：

在经济上，首先要“制民之产”。所谓“制民之产”，即给民规定产业，予民“恒产”。恒产，指足以维持生计的固定的私有产业。他主张“八口之家”当分给“百亩粮田”和“五亩园宅”，以保证百姓的基本生活需要。

其次，要“不违农时”，保护农耕，促进生产的发展。在征役民力时，要避开农事节令，不妨碍农耕，这样才能保证粮食收成，使谷粟食用有余。

再次，“薄税敛”以减轻百姓的负担。需要注意的是，孟子虽然主张“薄税敛”，但并不提倡无限制的削减。他不同意过轻的税收，认为白圭提出的“二十取一”的赋率根本无法满足国家的各项开支，所以他极力反对，并斥之为“大貉小貉”的做法。

另外，孟子还特别对商人有所关注。重农抑商是中国封建社会的传统观念，但是处在中国封建社会初期的孟子虽重农却并不抑商。他认为商人对于社会经济发展起着非常重要的作用，而其本身在互通有无的交换活动中并没有得到多少实际利益，所以他主张对商人免征税收以招徕商贾，在市场上给商人供给储存货物的房舍而不征税，如果货物滞销，国家依法征购，以免积压。显然，孟子看到了商人经商中所存在的风险，对于这些商人，政府不能隔岸观火、袖手旁观，而应采取积极措施予以保护。孟子保护商人的思想，为儒家的经济思想注入了新鲜血液。

在军事上，孟子主张以德王天下，反对兼并战争。孟子认为王道优于霸道。霸道以武力服天下，势强力大者虽能征服天下于一时，却不能赢得民心而长久统一天下；王道以德统一天下，因为遂民所愿，深得民心，所以能够长保天下。

孟子目睹了战争给百姓带来的深重灾难，因此他对积极发动战争和参与战争的人予以猛烈的鞭挞和抨击。他斥责当时所谓的“良臣”为“民贼”。他认为臣子的责任在于引君向道和志于仁，而当时的所谓“良臣”，置百姓的生死于不顾，迎合君主称霸诸侯的野心，或者积极为君“辟土地，充府库”，以求富国强兵、加强军备，为兼并战争作准备，或者鼓动如簧之舌，煽风点火，以合纵连横之术游说诸侯，挑起战争，或者逞其善战之能，扬威沙场，奋勇作战以为君开疆拓土。他认为，这些所谓“良臣”的所作所为，与“民贼”无异，其“罪不容于死”，应当分别处以相当的刑罚。让善战者受最重的刑罚，从事合纵连横的人受次一等的刑罚，为了增加战争的财源而让百姓开垦土地的人受再次一等的刑罚。孟子的反战思想实际上反映了人民对战争的厌恶和痛恨。

值得注意的是，孟子所反对的是“以土地之故糜烂其民”的兼并战争，并非反对一切战争。他认为为解民“倒悬”，救民于水火，而“以至仁伐至不仁”的战争仍是必要的，并且因为这样的战争是百姓所盼望的，深得民心，所以也是必胜的。

在教育上，孟子主张要设庠序学校教民“明人伦”。孟子非常重视道德教育，认为良好的道德教育对改变人的思想、淳化社会风尚具有重要作用。他主张在饱食暖衣的基础上，设庠序学校以教民孝悌，使民“明人伦”，懂得“父子有亲，君臣有义，夫妇有别，长幼有叙，朋友有信”的道理，做到立身行事不违人伦；使老有所养、幼有所归，君臣上下各安其位、各尽其责；乡党邻里“出入相友，守望相助，疾病相扶持”。如此则社会安定，天下太平；倘若强敌来犯，“可使制挺以挞”其“坚甲利兵矣”。就当时社会而言，孟子能够把民作为受教育的对象，无疑是有其积极意义的。

在组织上，要尊贤使能，使俊杰在位。孟子在总结历代国家兴盛衰亡的历史经验教训时，看到了重用人才的重要性：汤用伊尹，故“不劳而王”；桓公用管仲，“故不劳而霸”；秦穆公亦因用百里奚而霸。还认识到不用贤才的危害，“不用贤则亡”。所以孟子积极主张“尊贤”和“用贤”。

孟子主张在亲者、尊者无贤可进时，要打破亲者、尊者的局限，任用身份卑微或者关系疏远的贤德之士。他指出历史上有些杰出人物，他们建立了不朽功勋，但是却出身卑微，如舜原是一个农夫，商汤的贤臣傅说本是筑墙的匠人，商代的另一贤臣胶鬲不过是个鱼盐贩子，管夷吾原先还做过囚徒，楚国宰相孙叔敖是偏远海滨的渔民，百里奚不过是从市场上买回来的奴隶。所以国君只要能不拘一格举拔贤才，就可使天下贤士“皆悦，而愿立于其朝矣”。天下贤士纷纷来归，国家人才济济，则其兴旺发达易如反掌。

在文化娱乐上要与民同乐。前面谈到，当孟子讨论齐宣王的音乐问题时，引导齐宣王认识到与大家一起欣赏音乐比一个人或与少数人一起欣赏音乐更快乐。孟子进一步向齐宣王指出，王如“好鼓乐”“好畋猎”，却不“与民同乐”，就不可能享受到真正的快乐，因为它为百姓所厌弃和憎恶；反之，与民同乐，就可以称王天下。由此，孟子主张在上位者应当与民同欢乐、共忧患。

在崇尚武力、兵连祸结的乱世，孟子反对兼并战争，主张以德统一天下，确实“迂远而阔于事情”，自然不会被统治者欣赏和接受。但是他强调统一天下，必须修德行仁、解决百姓的困苦，争取百姓的支持和归附，表现出了一个政治家的远见卓识。

六、历史地位及影响

在中国历史上，孟子以其杰出的思想、特立独行的精神品格傲视天下，他的思想既对中华民族民族性的形成产生了重大影响，也对中国思想学术的发展演变有着极为深远的影响。

在中国思想发展史上，孟子是孔子之后的又一位儒家的重要代表人物，他不仅继承和发展了孔子的思想，而且继往开来，对后来儒学的演进，尤其是宋明理学的发展的影响更是直接而深远。

具体而言，孟子对儒学发展的重要贡献和影响主要有以下几方面：

其一，构建了较为系统的儒学体系。虽然孔子开创了儒学，并以“仁者爱人”作为其思想的核心，由此奠定了儒学的主旋律，但是孔子草创的儒学为后继者留下了许多问题，思想内容既未形成体系，也没有经过系统严密的论证，许多观点都是在对学生随机施教中自然呈现。孟子以承继孔学为己任，自觉担当发展和完善孔学的重任，构建了早期儒学比较完善的思想体系。这个思想体系以“王天下”为最终目标，以“行仁政”为“王天下”的根本路径，以伦理道德为“行仁政”的前提，以性善论为道德实现的人性依据，以天道观为人性和道德的最终根据。经过孟子的精心构建，儒学在保持孔子基本精神的基础上，成为体系化、理论化的思想学说。由于孟子的这一特殊贡献，他被后世视为孔子思想的正统传人，受到推崇，韩愈称赞孟子是传承孔子“道之正统”的“醇乎醇者”，其功不亚于大禹治水、救民苦难。

其二，深化孔子思想，使儒学学说初步哲学化，成为宋明理学的先声。孔子创建的儒学探讨的对象是人伦关系，政治问题的解决依赖于人际伦理关系的处理，由此孔子提出了以仁礼为核心，以恭、宽、信、敏、惠、刚毅、木讷、不忧等为外围规范的一套伦理道德学说，然而孔子只是提出了道德的当然原则，却没有论证道德何以当然、道德何以可能的问题，也即道德的自由问题。孟子从天道、人性、人心出发进行了充分的论证，把孔子语焉不详的“性与天道”问题进行了深化，提升了儒学的理论高度，不仅回答了孔子没有回答的道德何以可能以及道德的自由问题，而且深深影响了后来的宋明理学。宋明理学家从孟子思想中汲取营养，甚或直接以其思想为理论胚胎，架构了自己的思想体系。孟子性与天道思想的基本命题四心、四端、仁义礼智、性善、诚、良心良能、尽心知性、知性知天、存心养性、养心寡欲、知言养气、义利、王霸等，即为宋明理学思想的理论基石。而宋明理学又是影响中国封建社会后七百年的主要意识形态。

其三，推进和发展了儒家政治学说。在继承和发展孔子德政思想的基础上，孟子从其鲜明的民本立场出发，提出了“仁政”主张。要求统治者扩充“不忍人之心”，推及行政，关心百姓疾苦，与民恒产，不违农时，省刑罚，薄税敛，鼓励百姓发展生产，民富而后教，停止战争，让百姓安居乐业。孟子的仁政思想极大地丰富了儒家政治学说，虽然在当时不被统治者接受，却被后世儒者奉为理想政治。受其影响，两汉以后，一些开国之初的有道明君也能在一定程度上重视民生疾苦，在发展生产的同时，注意减轻百姓的负担，与民休息，促进了社会的安定和发展。

孟子政治思想学说中的民贵君轻论是他对中国思想发展的一个杰出贡献，在一定程度上制约了君权，使一些清明之君、贤能之臣能够主动以民本思想自律，谨慎使用手中的权力，为民谋福。更激励和影响着后世一些进步思想家在暴政横行、百姓惨遭欺凌时能够勇敢地站出来反对暴君、为百姓的利益奔走呼号；而黄宗羲等明清之际的思想家，谭嗣同等近代资产阶级改良派则从中发展出了反君主专制的思想。

其四，维护和弘扬儒学，使儒学成为战国显学。战国时代，社会处在新旧交替的大变革中，思想文化领域出现了百家争鸣的局面，孔子学说受到其他学派的冲击和非议。其中，以许行为代表的农家学派和杨朱学派、墨翟学派就对儒家学说形成了较大的冲击。据《孟子》记载，许行的学说和主张在当时具有相当大的影响力，以致一些本来喜欢周公、仲尼之道的儒者，放弃儒学，转而学习许行之道。杨朱学派、墨翟学派的学说在当时就更为盛行，杨朱、墨翟的言论充满天下，“天下之言不归杨则归墨”。相形之下，孔子之道反而掩而不彰。孟子认为，只有以孔子为代表的儒家学说才是正道，许行和杨朱、墨翟诸说是“充塞仁义”的异端、邪说，其危害远甚于洪水猛兽。为捍卫孔子之道，他奋起论争，辟异端。

孟子对许行的批判，在前面已有详细交代，在此不详谈。

这里主要谈谈他对杨朱、墨翟的批判。

杨朱，战国初哲学家，主张“贵生”“重己”“全性葆真”，不以物累形；重视个人生命的保全；反对别人侵夺自己，也反对侵夺别人。孟子评价杨朱学派的作风是：“杨子取为我，拔一毛而利天下，不为也。”认为这是极端利己者。

墨翟，春秋末战国初思想家、政治家，墨家学派的创始人。墨家是儒家的主要反对派。主张“兼爱”“交相利”。提倡“爱人”不分亲疏远近、一视同仁。只要能“利天下”，赴汤蹈火在所不惜。孟子评价墨家学派的作风是：主张兼爱，只要对天下有利，哪怕摩秃头顶，走破脚跟，也要去做。孟子认为这是极端利他者的行为。

杨墨两派学说虽然大相径庭，却都与儒家思想相左。

“仁者爱人”是儒家的基本思想，但儒家站在维护以血缘关系为基础的宗法统治的立场，又主张“仁者爱人”有亲疏远近之别，“爱人”先由父母始，由此扩展，推及他人，“老吾老以及人之老，幼吾幼以及人之幼”，所以这是一种有差等之爱。而墨家的“兼爱”是一种无差等之爱，与儒家的思想严重抵牾，所以受到孟子猛烈抨击。孟子认为，人的一生要事奉的人、要做的事很多，但“事亲为大”，行孝为先。而墨家主张“兼爱”，就是主张爱父母与爱他人没有差别，把自己的父母与他人等同相待，这就否定了对自己父母尽孝的优先性，是目无父母，所以他斥责墨子兼爱是目无父母，是禽兽之行。

儒家还非常注重君臣大义，主张臣应尊君、敬君。孟子认为杨朱主张“重己”“为我”，实质就是主张以自我为中心，个人至上，也就否定了对君上尽忠。不对君上尽忠，就是目无君上，所以他斥责杨朱为我是目无君上，也是禽兽之行。

当然，孟子对许行、杨朱、墨翟批判的方法是有问题的。如斥责许行是“南蛮鴃舌之人”，从许行的语言缺陷攻击其思想，孟子不仅对批判对象存在民族歧视，还有人身攻击之嫌。而在批判杨朱、墨翟时，斥杨、墨为禽兽，则明显是失于理智的人身攻击了。这是孟子“辟异端”时在方法上的失误。

尽管孟子对许行的驳斥，对杨朱、墨翟的批判有失偏激之处，但是孟子“辟异端”，无疑捍卫和巩固了儒家思想，为儒家思想开辟了阵地，使儒家思想学说在战国时期成为显学。这是孟子对儒学的重大贡献。

其五，涵养了民族气节，铸造了民族精神，塑造了民族品格。孟子推崇道德价值，强调理想人格的培养，由此提出的许多思想观点对中华民族的民族品格、民族精神、民族气节的形成产生了深远的影响。

孟子的人性论培养了中华民族的自信心，形成了中华民族自信自强、积极向上的品格。孟子认为，人人皆有四心，这是人之所贵，人们出生、生存的外在环境固然有高下之分，但在决定人之为人的道德性上，人们先天是平等的。孟子这一思想给后世身处贫寒的仁人志士以极大的精神鼓舞，成为催人奋进的力量，使人们孜孜不倦恒心向善，面对权势与富贵敢于挺起脊梁而毫无愧色，因为他们坚信在人的道德性上，他们并不输于任何人。

孟子“养吾浩然之气”，主张通过道德修养达到崇高的思想境界的思想，成为后世儒家修养功夫的一个重要方面，涵养了中华民族的民族气节、民族精神。文天祥在狱中写下的著名的《正气歌》有言：“天地有正气，杂然赋流形，下则为河岳，上则为日星，在人曰浩然，沛乎塞苍冥。”在中国许许多多文天祥这样的民族英雄身上我们都能看到这种无所畏惧的凛然正气。

孟子推崇的“大丈夫”气概培养了中华民族自尊独立的人格、傲岸不屈的气概。孟子所说的“大丈夫”气概，就是“富贵不能淫，威武不能屈，贫贱不能移”，不为外在环境的变化而改变的道德操守，唯义是从，“穷则独善其身，达则兼济天下”，既不依附权贵，也不屈服强权。孟子这一思想培养了许多刚直不阿、宁折不弯、不惧威权的清官廉吏、仁人志士。

孟子对“父子有亲”“老吾老以及人之老，幼吾幼以及人之幼”爱亲、敬长的人伦道德的坚持，促进了中华民族尊老爱幼传统美德的形成。而孟子提出的胸怀天下，“乐以天下，忧以天下”，与国家、民族同欢乐、共忧患的精神，所高扬的淡薄物欲、以义为归、自贵其德、舍生取义的价值观和价值选择原则，鞭策和激励着中华儿女以民族昌盛为己任，为捍卫国家、民族、人民的利益，不惜抛头颅、洒热血，“舍生取义”，谱写出了一曲曲催人泪下的英雄壮歌，从而使灾难频仍的中华民族始终屹立于世界民族之林。

今天当我们打开《孟子》，回望我们民族的历史，梳理我们的中华文化，我们很清楚地看到，中华民族的历史进程，中华文化的演变，中华民族品格的形成，都渗透着孟子思想的精髓，这是剪不断、斩不下的。因此要了解中华民族，认识中华文化，我们必须重读《孟子》，越过千年阻隔，再与孟子对话。

附　录

年　谱

公元前	周	鲁	齐	宋	魏	燕	历史大事	孟子年龄	孟子事迹
372	烈王4	共公11	桓公3	桓公9	武侯24	桓公元	卫伐齐，取薛陵。魏败赵于蔺。	1	孟子约生于此年。
371	5	12	4	10	25	2	魏伐楚，取鲁阳。	2	在邹。
370	6	13	5	11	26	3		3	在邹。
369	7	14	6	12	惠王元	4	魏公子罃立。	4	在邹。
368	显王元	15	7	13	2	5	赵、韩联合攻周。齐伐魏，攻取观。	5	在邹。
367	2	16	8	14	3	6	赵与韩分裂周，从此西周分列为西周、东周两个小国。	6	在邹。
366	3	17	9	15	4	7	魏在武都筑城，为秦所败。	7	在邹。或于此年前后开始接受母亲三迁、断织之教。
365	4	18	10	16	5	8	魏伐韩，败于阳。魏取宋的仪台。	8	在邹。

公元前	周	鲁	齐	宋	魏	燕	历史大事	孟子年龄	孟子事迹
364	5	19	11	17	6	9	秦战胜魏于石门，赵救魏。	9	在邹。
363	6	20	12	18	7	10	秦攻魏少梁，赵救魏。	10	在邹。
362	7	21	13	19	8	11	魏胜韩、赵联军，秦伐魏少梁。	11	在邹。
361	8	22	14	20	9	文公元	魏迁都大梁。	12	在邹。
360	9	23	15	21	10	2		13	在邹。
359	10	24	16	22	11	3		14	在邹。
358	11	25	17	23	12	4		15	据孔子十有五志于学，孟子或于此年前后学于子思之门人。
357	12	26	18	24	13	5		16	在邹。
356	13	27	威王元	25	14	6	秦首次变法。鲁、宋、卫、韩朝见魏惠王。	17	在邹。
355	14	28	2	26	15	7	魏惠王与秦孝公在杜平相会。	18	在邹。
354	15	29	3	27	16	8	魏救卫，进围赵都邯郸。秦攻取魏少梁。	19	在邹。
353	16	30	4	28	17	9	齐救赵攻韩，败魏军于桂陵。	20	在邹。
352	17	31	5	29	18	10	魏败齐师于襄陵，齐求和。	21	在邹。

公元前	周	鲁	齐	宋	魏	燕	历史大事	孟子年龄	孟子事迹
351	18	32	6	30	19	11		22	在邹。
350	19	康公元	7	31	20	12	秦二次变法。齐扩建堤防为长城。	23	在邹。
349	20	2	8	32	21	13		24	在邹。
348	21	3	9	33	22	14	魏惠王与赵肃侯在阴晋相会。	25	在邹。
347	22	4	10	34	23	15		26	在邹。
346	23	5	11	35	24	16	秦太子犯法，卫鞅刑太子师傅公子虔。	27	在邹。
345	24	6	12	36	25	17		28	在邹。
344	25	7	13	37	26	18	魏惠王称王，召集逢泽之会，率诸侯朝见天子。	29	在邹。
343	26	8	14	38	27	19	赵攻魏的首垣。	30	据孔子“三十而立”之说，孟子或于此年前后开始授徒讲学。
342	27	9	15	39	28	20	魏攻韩，齐救韩伐魏。	31	在邹授徒讲学。
341	28	景公元	16	40	29	21	齐将田忌大败魏军于马陵，魏将庞涓自杀。虏魏太子申。	32	在邹授徒讲学。
340	29	2	17	剔成元	30	22	卫鞅诱执魏公子卬，大破魏军。	33	在邹授徒讲学。
339	30	3	18	2	31	23		34	在邹授徒讲学。

公元前	周	鲁	齐	宋	魏	燕	历史大事	孟子年龄	孟子事迹
338	31	4	19	3	32	24	秦孝公死。卫鞅被车裂。秦败魏于岸门。	34	在邹授徒讲学。
337	32	5	20	君偃元	33	25	楚、韩、赵、蜀入秦朝见。	36	在邹授徒讲学。
336	33	6	21	2	34	26		37	在邹授徒讲学。
335	34	7	22	3	35	27		38	在邹授徒讲学。
334	35	8	23	4	后元元	28	魏惠王用惠施之计，与齐威王在徐州相会，尊齐为王。即所谓“会徐州相王”。	39	在邹授徒讲学。
333	36	9	24	5	2	29		40	据礼制“四十始仕”之说，孟子或于此年前后在邹出仕。
332	37	10	25	6	3	易王元	魏献阴晋于秦。	41	在邹出仕。
331	38	11	26	7	4	2		42	在邹出仕。
330	39	12	27	8	5	3	秦败魏于雕阴，魏献河西地于秦。	43	齐威王广招人才，孟子或于此年游齐。与齐国大将匡章交游。
329	40	13	28	9	6	4	秦伐魏，取魏河东的汾阴、皮氏、焦等地。	44	在齐。
328	41	14	29	10	7	5	魏纳上郡入秦。张仪相秦。宋偃始称王。	45	在齐。不遇齐威王。未受重用。劝齐人蚳蛙进言，被齐人误解。

公元前	周	鲁	齐	宋	魏	燕	历史大事	孟子年龄	孟子事迹
327	42	15	30	11	8	6	秦将焦、曲沃等地归还于魏。	46	在齐。孟子母亲或于此年前后病逝。孟子自齐归鲁葬母。孟子第一次游齐后期已得到客卿的身份，故以大夫之礼葬母。
326	43	16	31	12	9	7		47	在鲁守丧。
325	44	17	32	13	10	8	秦始称王。魏惠王会韩宣惠王于巫沙，尊韩宣王为王。	48	在鲁守丧。
324	45	18	33	14	11	9	魏惠王与齐威王会于平阿。	49	完三年之丧，返齐。齐稷下学宫衰败，孟子未受重用，闻听宋将行仁政，离齐至宋。路遇宋牼，谈罢兵之道。滕国世子过宋，两次拜访孟子。
323	46	19	34	15	12	10	楚败魏于襄陵，取八邑。公孙衍发起燕、赵、中山、魏、韩五国相王。	50	未遇宋王，行仁政无望，离宋，受宋70镒；过薛，受薛50镒；归邹。滕定公薨，滕文公两次派然友至邹，向孟子请教丧礼。
322	47	平公元	35	16	13	11	四月齐封田婴于薛。魏用张仪为相，逐去惠施。秦取魏的曲沃、平周。	51	鲁平公使乐正子为政，孟子喜不能寐。至鲁，遭臧仓阻，不遇鲁平公。批鲁将军慎子。至滕，馆于上宫。与滕文公畅谈仁政。

公元前	周	鲁	齐	宋	魏	燕	历史大事	孟子年龄	孟子事迹
321	48	2	36	17	14	12		52	在滕。与许行之徒陈相辩论。批判许行“君民并耕而食”“市价不贰”之说，提出“劳心者治人”“劳力者治于人”的观点。斥责陈相抛弃儒学而学习农家，主张用夏变夷，反对用夷变夏。批评墨者夷之。
320	慎靓王元	3	37	18	15	王哙元	齐威王卒。	53	离滕至梁。劝梁惠王“何必曰利”、当行仁政、与民同乐。与景春论“大丈夫”，斥张仪、苏秦为妾妇。批评魏相白圭“二十取一”的税制为貉道，治水是以邻为壑。
319	2	4	宣王元	19	16	2	梁惠王卒。齐、楚、燕、赵、韩诸国支持公孙衍为魏相。惠施回魏。稷下学复盛。	54	谓梁襄王“望之不似人君”，答梁襄王“天下定于一”。离梁往齐。过平陆，与平陆邑宰孔距心交谈，孔距心承认治政有误。
318	3	5	2	20	襄王元	3	宋王偃自立为王。魏、赵、韩、楚、燕五国攻秦，不胜而归。	55	在齐。与齐宣王论“保民而王”“与民同乐”、外交原则、不毁明堂等。齐欲用孟子为卿相。孟子称自己“四十不动心”，并就此回答弟子关于不动心、养浩然之气、知言等问题。

公元前	周	鲁	齐	宋	魏	燕	历史大事	孟子年龄	孟子事迹
317	4	6	3	21	2	4	滕文公卒。齐联合宋攻魏，败魏于观泽。	56	孟子为卿于齐。奉命出吊于滕，不与王欢言事。吊公行子之丧，又不与王欢言。乐正子随王欢至齐，孟子责之。
316	5	7	4	22	3	5	燕王哙让国于相国子之。	57	沈同私问："燕可伐与?"，孟子回答：可。后孟子又说：天吏方可伐燕。
315	6	8	5	23	4	6	燕国内乱，将军市被、太子平进攻子之。齐伐燕，匡章为将。	58	宣王问可否取燕，孟子答："燕民悦则取，燕民不悦，则勿取。"
314	赧王元	9	6	24	5	7	燕子之反攻，杀死将军市被与太子平。齐取燕。	59	齐取燕，遭到诸侯反对，宣王询问计策，孟子建议归还燕国重器、释放燕民，为燕设立新君而后离开。
313	2	10	7	25	6	8		60	宣王称有寒疾，让孟子次日来见，孟子称病不奉齐王之召，却出吊东郭氏。被景丑氏批评。孟子答："大有为之君必有所不召之臣。"
312	3	11	8	26	7	9	燕人叛齐。秦、魏、韩攻齐，俘虏声子。	61	燕人叛齐，宣王惭于孟子。孟子或于此年与宣王论"贵戚之卿""异姓之卿""汤武革命"。孟子于此年离齐，齐宣王以万钟之俸禄、宫室挽留孟子，孟子拒绝。

公元前	周	鲁	齐	宋	魏	燕	历史大事	孟子年龄	孟子事迹
311	4	12	9	27	8	昭王元		62	孟子结束了近三十年的游说生涯，归邹。与公孙丑、万章等学生论辩答疑，效仿《论语》，将平生所思所想所行撰写成文，著述《孟子》。
310	5	13	10	28	9	2		63	在邹著述讲学。
309	6	14	11	29	10	3		64	在邹著述讲学。
308	7	15	12	30	11	4		65	在邹著述讲学。
307	8	16	13	31	12	5	赵武灵王胡服骑射。	66	在邹著述讲学。
306	9	17	14	32	13	6		67	在邹著述讲学。
305	10	18	15	33	14	7		68	在邹著述讲学。
304	11	19	16	34	15	8		79	在邹著述讲学。
303	12	20	17	35	16	9	鲁平公卒。	70	在邹著述讲学。
302	13	文侯元	18	36	17	10		71	在邹著述讲学。
301	14	2	19	37	18	11	齐宣王卒。	72	在邹著述讲学。
300	15	3	湣王元	38	19	12	楚怀王受骗入秦，被扣留。赵武灵王传位于王子何，自号主父。孟尝君田文入秦为相。	73	在邹著述讲学。
299	16	4	2	39	20	13		74	在邹著述讲学。
298	17	5	3	40	21	14		75	在邹著述讲学。
297	18	6	4	41	22	15		76	在邹著述讲学。

公元前	周	鲁	齐	宋	魏	燕	历史大事	孟子年龄	孟子事迹
296	19	7	5	42	23	16	梁襄王卒。	77	在邹著述讲学。
295	20	8	6	43	昭王元	17		78	在邹著述讲学。
294	21	9	7	44	2	18		79	在邹著述讲学。
293	22	10	8	45	3	19	秦白起败韩、魏于伊阙，斩首二十四万。	80	在邹著述讲学。
292	23	11	9	46	4	20	秦白起攻魏取垣。	81	在邹著述讲学。
291	24	12	10	47	5	21		82	在邹著述讲学。
290	25	13	11	48	6	22	魏献河东地四百里于秦。	83	在邹著述讲学。
289	26	14	12	49	7	23	秦取魏六十一城。	84	孟子约卒于此年。

注：本表参考了钱穆《先秦诸子系年考辨》、杨宽《战国史》、杨泽波《孟子评传》后附“孟子年表”，特此加以说明。

参考书目

1.〔汉〕赵岐注，〔宋〕孙奭疏：《孟子注疏》，阮元校刻《十三经注疏》本，中华书局，1979年影印。

2.〔宋〕朱熹撰：《四书章句集注·孟子集注》，中华书局，1983年。

3.〔明〕黄宗羲撰：《孟子师说》，《四库全书》本。

4.〔清〕焦循撰，沈文倬点校：《孟子正义》，中华书局，1987年。

5. 康有为撰：《孟子微》（稿本），今藏天津图书馆。

6. 钱穆：《孟子要略》，大华书局，1934年。

7. 杨伯峻撰：《孟子译注》，中华书局，1960年。

8. 杨泽波：《孟子评传》，南京大学出版社。

9. 董洪利：《孟子研究》，江苏古籍出版社，1997年。

10. 黄俊杰：《孟子思想史论》，台湾“中央研究院”中国文哲研究所筹备处，1997年。

11. 刘学林、周淑萍主编：《十三经辞典·孟子卷》，陕西人民出版社，2002年。